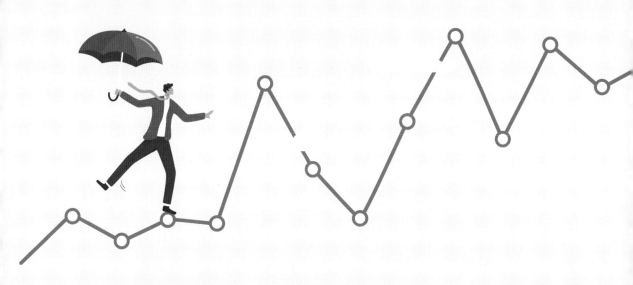

確率・統計のための数学基礎

Basic Mathematics for Probability and Statistics

小林俊公・島田伸一・友枝恭子　著

共立出版

まえがき

　この本は微分積分の基礎を学び，確率・統計の初歩にも触れられるように編集されています．読者に高校の数学 III の履修は仮定していませんので，指数関数，対数関数，三角関数についても本書に必要な範囲で始めから説明しています．微分の扱いは，lim の記号はできるだけ使わないようにし，直線で近似することを強調しました．微分の公式も $(x^n)' = nx^{n-1}$ から始めますが，これらを無限個足すだけで指数関数と三角関数の微分公式が出てくることに少しは驚いてもらいたいと思います．さらにこれらのやり方は，確率・統計での手法に自然に繋がっていくのです．このように説明の仕方にも工夫を凝らし，扱う題材も日常の現象で数学を用いて理解できるものを多く集めました．指数関数・三角関数たちが，自然現象を記述する微分方程式の解に自然に現れてくる様子を見ていただきたいと思います．また，物理の簡単な問題を扱うことで微分積分の方法の有効性を感じていただき，すでに数学 III を履修している読者であっても退屈せずに取り組めることと期待しています．本書の確率・統計の部分では，微分積分を用いた本格的な展開には残念ながら至りませんでした．初歩の初歩という内容ですが，データの平均・分散・相関係数・回帰直線から，条件付き確率等の確率計算を経て，2 項分布の平均・分散までを丁寧に扱いました．ただし正規分布は大切なので，定積分の応用として基本的な計算は実行しました．例題をやりながら進めば，展開への十分な準備になると思います．

　数学は苦手という方から，式を変形しているとき何をやっているのかよく分からないという声を聞きます．そこで各見出しは，今何をしているかが分かるように，少し冗長になることも厭いませんでした．式を見て，その意味を自然に考えられるようになってほしいと思います．そのためには読者自ら例題・演習問題に積極的に取り組まれることを願っています．

　最後になりましたが，共立出版の木村邦光氏，山内千尋氏，時盛健太郎氏にはさまざまな助言をいただきお世話になりました．厚く感謝申し上げます．

2023 年 3 月

著者一同

目　　次

第1章　微分法とは何をすることか　　1

1.1　関数の局所的な挙動を調べる 1

1.2　x^n を微分する 4

1.3　和とスカラー倍（実数倍）の微分公式 6

1.4　接線に関する補足 7

第2章　微分の計算練習をする　　12

2.1　一般的な微分公式 12

2.2　陰関数の微分法 14

2.3　1次近似式 17

2.4　微分公式の証明 18

第3章　凹凸も込めて関数のグラフを描く　　21

3.1　平均値の定理 21

3.2　関数の増加減少（増減） 23

3.3　関数の凹凸 24

3.4　関数のグラフ 27

第4章　瞬間の変化率を計算する　　32

4.1　直線上の運動 32

4.2　瞬間の変化率 34

4.3　運動方程式 36

第5章　自然対数の底 e を底とする指数関数と対数関数の微分公式を導く　　39

5.1　自然対数の底 e を底とする指数関数 39

5.2　指数関数を冪（巾）級数（べききゅうすう）で定義する 40

5.3　指数関数を含む関数を微分する 43

5.4　自然対数 $\log x$ を定義する 43

5.5　対数関数を微分する 45

5.6　a^x の定義と性質 46

5.7　対数グラフ 49

第 6 章　指数関数に関係した関数のグラフを描く　　　　　　　　　　　**53**
　6.1　e^x に関する評価 53
　6.2　指数関数に関係する関数のグラフ 56

第 7 章　微分方程式：$y'(x) = ky(x)$ を扱う　　　　　　　　　　　**60**
　7.1　微分方程式：$y'(x) = ky(x)$ 60

第 8 章　三角関数を微分する　　　　　　　　　　　　　　　　　　**65**
　8.1　ラジアン・度を用いた三角関数 65
　8.2　ラジアン単位を用いた三角関数の導関数 66
　8.3　ラジアンなしの三角関数 71
　8.4　π の解析的な定義 74
　8.5　三角関数の周期，$y = c(x)$ のグラフの形 76
　8.6　加法定理，$y = s(x)$ のグラフ 77
　8.7　円周率としての π と $\sin x, \cos x$ の幾何学的解釈 79

第 9 章　微分の逆の操作である不定積分を計算する　　　　　　　**82**
　9.1　不定積分の定義と記号 82
　9.2　不定積分の性質 83
　9.3　不定積分の公式を用いた計算 84
　9.4　投げ上げ，斜方投射 86
　9.5　置換積分法 88
　9.6　部分積分法 90

第 10 章　定積分を不定積分の公式を用いて計算する　　　　　　**93**
　10.1　計算に便利な定義とその意味 93
　10.2　定積分の基本的な性質 94
　10.3　定積分の定義（暫定版）に対する注意 95
　10.4　不定積分の公式を用いた定積分の計算 96

第 11 章　無限和の計算に定積分を利用する　　　　　　　　　　**100**
　11.1　定積分を定義する 100
　11.2　定積分は面積を表す 102
　11.3　円の面積を計算する 105
　11.4　球の表面積を計算する 106
　11.5　球の体積を計算する 107
　11.6　立体の体積を求める 107
　11.7　回転体の体積を求める 109

第 12 章　定積分の計算技術を学ぶ　　　　　　　　　　　　　　**112**
　12.1　置換積分法を学ぶ 112
　12.2　部分積分法を学ぶ 114

12.3　正規分布に関連する積分 116

第 13 章　変数分離型微分方程式 $\dfrac{dy}{dx} = f(x)g(y)$ を解く　　　　**127**

13.1　変数分離型微分方程式の式の意味・解き方 127

13.2　変数分離型微分方程式を解く練習をする 128

13.3　簡単な物理現象への応用 131

第 14 章　データの平均・分散・回帰直線を計算する　　　　**139**

14.1　シグマ ($\sum$) 記号の性質と和の公式を使う 139

14.2　1 次元データの平均・分散 142

14.3　2 次元データの相関係数 144

14.4　回帰直線 148

第 15 章　確率分布の確率・平均・分散を計算する　　　　**153**

15.1　確率に関する言葉・記号（ミニマム） 153

15.2　条件付き確率と事象の独立性 155

15.3　確率変数の平均・分散・標準偏差 157

15.4　2 項分布 160

演習問題略解　　　　**167**

索　　引　　　　**180**

第1章

微分法とは何をすることか

「全体から見れば曲がっている曲線も，局所的に見れば真っすぐな直線とみなすことができる[1)]」という考え方は，数学を大発展に導いた．局所的に曲線を近似する直線を，接線という．接線の傾きを求める手続きが，微分法と呼ばれるものである．微分法は接線の傾きが分かるだけでなく，速度，加速度等「瞬間の変化率」をも計算する手段を与えるので，物理等の自然科学の理解にも不可欠な道具となっている．

1.1 関数の局所的な挙動を調べる

図 1.1 は，$y = x^2$ とその $x = 1$ における接線 $y = 2x - 1$ のグラフを描いたものである．全体の形は全く異なっているが，$x = 1$ の近くだけを見ているとほとんど重なっているように見える．

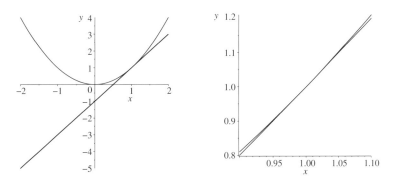

図 1.1 $y = x^2, y = 2x - 1$ のグラフ

さて関数 $y = f(x)$ について，$x = a$ の近くでの挙動を調べたいとする．それは h が小さいとき，$f(a + h)$ はどうなるのかを考えることである．第 0 近似は $h = 0$ とした $f(a)$ である．第 1 近似は h の定数倍，第 2 近似は「定数 $\times h^2$」，即ち

$$f(a + h) = f(a) + Ah + Bh^2 + \cdots \qquad \cdots\cdots (*)$$

[1)] どこまで局所的に拡大しても，真っ直ぐとはみなせないフラクタル図形と呼ばれるものもある．その解析にはまた別の数学が必要である．

となることが期待される．実際今の例では，$f(x) = x^2, a = 1$ に対して，

$$f(1+h) = (1+h)^2 = 1 + 2h + h^2 \fallingdotseq 1 + 2h$$

と，h^2 を無視すれば，h についての 1 次近似式が得られる．そしてこの 1 次近似式を $x(= 1 + h)$ の式で表すと，

$$y = 1 + 2h = 1 + 2(x - 1) = 2x - 1$$

と接線の式が出てくる．ここで，1 次近似式と接線は，名前は違うが全く同じものであることに注意しておこう．

　もちろんすべての関数がこのように展開される訳ではないが，幸いなことに物理工学で扱う関数は，ほとんどすべて局所的にはこの性質をもつ．さらに多くの問題では，前頁の展開 $(*)$ の h の係数 A のみが分かれば大概は事が足りることも分かってきた．h^2 の係数 B はグラフの曲がり方，加速度を問題にする時に h^2 の係数 B が必要となる．そこでまずは，A が定まる関数のクラスを定義する．

1.1.1 微分可能性

定義 1.1 (微分可能性の定義)　$x = a$ の近くで定義された関数 $f(x)$ は，定数 A が存在して h が十分小さいときに

$$f(a + h) = f(a) + Ah + o(h)$$

と表されるならば，$x = a$ で**微分可能**という．ここで $o(h)$ は

$$\lim_{h \to 0} \frac{o(h)}{h} = 0,$$

即ち「h よりも早く」0 に近づく関数を表す．A を $f(x)$ の $x = a$ における**微分係数**といい，

$$A = f'(a) = \frac{df}{dx}(a)$$

などと表す．

　記号と言葉の補足をしておく．

1. 「$h \to 0$」は h を 0 に近づけることを意味し，

$$\lim_{h \to 0} \frac{f(a+h) - f(a)}{h} = \lim_{h \to 0} \left\{ A + \frac{o(h)}{h} \right\} = A$$

は h を 0 に近づけるとき，$\dfrac{f(a+h) - f(a)}{h}$ は A に近づく（極限値は A である）ことを意味する．これより A は $f(x)$ から唯一つに定まる．

2. 応用上は何回も微分できる関数を相手にすれば良いので，以下

$$f(a+h) = f(a) + Ah + Bh^2 + (h^3 以上) \quad (h \to 0)$$

となるようなものを考えることにする．このように展開できる関数の特徴付けも知られており，例えば各点で

$$f(a+h) = f(a) + Ah + Bh^2 + O(h^3) \quad (h \to 0)$$

となる $f(x)$ は，2 回まで微分できて微分したものもすべて連続になる関数であることが分かっている [2]．

3. $o(h^n)$ は，「h^n よりも早く」0 に近づく関数を表し，$O(h^n)$ は，「h^n 以上に早く」0 に近づく関数を表す．0 に近づくスピードだけが問題で，その関数の形は何でも良いのでこう表す．例えば，$h \to 0$ のとき $\dfrac{h^2(1+h)}{1-h} = O(h^2)$ であり，$\dfrac{h^2(1+h)}{1-h} = o(h)$ といってもよい．

1.1.2 接線・導関数

$y = f(x)$ が $x = a$ で微分可能であるとき，その定義から h が十分小さい範囲で

$$f(a+h) = f(a) + f'(a)h + (h^2 以上)$$

と表すことができる．$(h^2 以上)$ を，h よりも早く 0 に近づく誤差項と思えば，$f(a+h)$ は h が十分小さいときは，$f(a) + f'(a)h$ で近似できる．そしてこれが最良の 1 次近似式である．$x = a + h$ とおくと，x が a に十分近いときには，$f(a) + f'(a)(x-a)$ が $f(x)$ を近似する最良の 1 次式である．これを接線と呼ぶ．微分係数 $f'(a)$ は，接線の傾きを与える．

定義 1.2（接線の定義） $y = f(x)$ が $x = a$ で微分可能であるとき，直線

$$y = f'(a)(x-a) + f(a)$$

を $y = f(x)$ の $x = a$ における**接線**という．

接線の傾きを求める操作に名前をつけ，**微分する**という．関数 $y = f(x)$ は，ある範囲 I で微分可能とする．このとき I の各点 x に対して，その微分係数の値 $f'(x)$ を対応させる関数 $f'(x)$ を $f(x)$ の**導関数**という．$f(x)$ を微分するとは，導関数 $f'(x)$ を求めることである．導関数は $y = f(x)$ に対して，

$$y' = \frac{dy}{dx} = \frac{d}{dx}f(x)$$

とも書かれる．y' は「y プライム (prime)」と読む．「y ダッシュ」という人も多い [3]．また $\dfrac{dy}{dx}$ は，接線の傾きが $\dfrac{\Delta y}{\Delta x} = \dfrac{y \text{ の変化量}}{x \text{ の変化量}}$ の極限で与えられることを表す記号である．よって導関数の値は**瞬間の変化率**を表すとも考えられる．

---

[2] これはテイラーの定理とその逆定理として知られており，Abraham R., Marsden J.E., Ratiu, T.: Manifolds, Tensor Analysis, and Applications, Springer (1988) の p. 93〜101 に多変数まで込めた一般的な定理とその証明がある．
[3] このことについては，田野村忠温：ダッシュ，プライム，数学セミナー **57**(8), 54–58 (2018) が参考になる．

1.2　x^n を微分する

n を 0 以上の整数とする．いくつかの $f(x) = x^n$ に対して，導関数 $f'(x)$ を計算してみよう．$h \to 0$ のとき，$f(x+h) = f(x) + Ah + O(h^2)$（$h^2$ 以上の項）と h について展開した h の係数が導関数 $f'(x) = A$ であった．

- $f(x) = c$（定数）とする．
$$f(x+h) = c = f(x) + 0 \cdot h + 0$$

  と見ると，$0 = O(h^2)\,(h \to 0)$ であるから，$(c)' = 0$ である．特に $c = 1 = x^0$ の場合を考えて，$\boxed{(x^0)' = 0}$ が成り立つ．

- $f(x) = x^1 = x$ のとき，
$$f(x+h) = x + h = f(x) + 1 \cdot h + 0$$

  と見ると，$\boxed{(x^1)' = 1}$ である．

- $f(x) = x^2$ のとき，
$$f(x+h) = (x+h)^2 = x^2 + 2xh + \underbrace{h^2}_{=O(h^2)}$$

  から，$\boxed{(x^2)' = 2x}$ である．

- $f(x) = x^3$ のとき，
$$f(x+h) = (x+h)^3 = x^3 + 3x^2 h + \underbrace{3xh^2 + h^3}_{=O(h^2)}$$

  から，$\boxed{(x^3)' = 3x^2}$ である．

ここまでで，$(x^n)' = nx^{n-1}$ という公式が成り立つことが予想できよう．

$$(x^0)' = (1)' = 0 = 0 \cdot x^{0-1}, \quad (x^1)' = (x)' = 1 = 1 \cdot x^{1-1},$$

$$(x^2)' = 2x = 2 \cdot x^{2-1}, \quad (x^3)' = 3x^2 = 3 \cdot x^{3-1}.$$

1.2.1　$x^n (n = 0, 1, 2, \cdots)$ を微分する

例題 1.3　次の問いに答えよ．n は自然数とする．

(1) $f(x) = x^n$ とする．$f(x+h)$ を h について 1 次の項まで展開せよ．h^2 以上の項は $O(h^2)$ と表せ．

(2) $f'(x)$ を求めよ．

解　(1) $f(x+h) = (x+h)^n = \underbrace{(x+h)(x+h)\cdots(x+h)}_{n \text{ 個}}$ を展開するには，n 個のカッコから x または h を取り出して掛け合わせる．まず $h^0 = 1$ の係数は，n 個のカッコから x だけを取り出し

たものなので，x^n である．次に h^1 の項は，n 個のカッコから h を 1 個，x を $n-1$ 個取り出した
もので，h の取り出し方は n 通りあるので $nx^{n-1}h$ である．よって

$$f(x+h) = x^n + nx^{n-1}h + O(h^2)$$

である．

(2) 導関数の定義 $f(x+h) = f(x) + f'(x)h + O(h^2)\,(h \to 0)$ より，$f'(x) = nx^{n-1}$ である．□

1.2.2 $\dfrac{1}{x} = x^{-1}$ を微分する

$(x^n)' = nx^{n-1}$ という公式が $n = -1$ に対しても成り立つことを示そう．

> **例題 1.4**　次の問いに答えよ．
> (1) $f(x) = \dfrac{1}{x}\,(x \neq 0)$ とする．$\varepsilon(h) = f(x+h) - f(x) + \dfrac{h}{x^2}$ を計算せよ．
> (2) $f'(x)$ を求めよ．

解　(1) $x \neq 0$ なので，$x+h \neq 0$ となるような h が十分小さい範囲で考える．このとき

$$\varepsilon(h) = \frac{1}{x+h} - \frac{1}{x} + \frac{h}{x^2} = \frac{x^2 - x(x+h) + h(x+h)}{(x+h)x^2}$$
$$= \frac{h^2}{(x+h)x^2}$$

である．

(2) (1) より，$f(x+h) = \dfrac{1}{x+h} = \dfrac{1}{x} - \dfrac{h}{x^2} + \varepsilon(h)$ であり，$\varepsilon(h) = O(h^2)\,(h \to 0)$ なので，
$f'(x) = \dfrac{-1}{x^2} = (-1)x^{-2}$ である．□

1.2.3 $\sqrt{x}$ を微分する

$(x^n)' = nx^{n-1}$ という公式が $n = \dfrac{1}{2}$ に対しても成り立つことを示そう．

> **例題 1.5**　次の問いに答えよ．
> (1) $f(x) = \sqrt{x}\,(x > 0)$ とする．$\varepsilon(h) = f(x+h) - f(x) - \dfrac{h}{2\sqrt{x}}$ を計算せよ．
> (2) $f'(x)$ を求めよ．

解　(1) $x > 0$ なので，$x+h > 0$ となるような h が十分小さい範囲で考える．このとき

$$\varepsilon(h) = \sqrt{x+h} - \sqrt{x} - \frac{h}{2\sqrt{x}} = \frac{(\sqrt{x+h} - \sqrt{x})(\sqrt{x+h} + \sqrt{x})}{\sqrt{x+h} + \sqrt{x}} - \frac{h}{2\sqrt{x}}$$
$$= h\left(\frac{1}{\sqrt{x+h} + \sqrt{x}} - \frac{1}{2\sqrt{x}}\right) = h \cdot \frac{\sqrt{x} - \sqrt{x+h}}{2\sqrt{x}(\sqrt{x+h} + \sqrt{x})}$$
$$= h \cdot \frac{-h}{2\sqrt{x}(\sqrt{x+h} + \sqrt{x})^2} = \frac{-h^2}{2\sqrt{x}(\sqrt{x+h} + \sqrt{x})^2}$$

である.

(2) (1) より，$f(x+h) = \sqrt{x+h} = \sqrt{x} + \dfrac{h}{2\sqrt{x}} + \varepsilon(h)$ であり，$\varepsilon(h) = O(h^2)\,(h \to 0)$ なので，$f'(x) = \dfrac{1}{2\sqrt{x}} = \dfrac{1}{2} \cdot x^{-\frac{1}{2}}$ である.　□

1.2.4　$(x^\alpha)'\,(\alpha \in \mathbb{R})$ の公式

α が実数のとき（$\alpha \in \mathbb{R}$ と表す），x^α に対しても，同じ $(x^n)' = nx^{n-1}$ の形の微分の公式が成り立つ.

定理 1.6 ($x^\alpha\,(\alpha \in \mathbb{R})$ の導関数)　α が実数のとき，

$$(x^\alpha)' = \alpha x^{\alpha-1} \quad (\alpha \in \mathbb{R})$$

である.　また $(定数)' = 0$ も成り立つ.

これまでに α が自然数，または $\alpha = -1, 0, \dfrac{1}{2}$ の場合に公式が正しいことを確かめたことになる. 一般の場合の証明は対数関数の微分公式を利用するので，第5章で説明する.

1.3　和とスカラー倍（実数倍）の微分公式

微分計算を機械的に行うために，種々の公式をこれから準備していく. まずは，**和とスカラー倍**の微分公式を述べる.

定理 1.7 (和とスカラー倍（実数倍）の微分公式)　関数 $f(x), g(x)$ と定数 c に対して

$$(\text{和})：\{f(x) + g(x)\}' = f'(x) + g'(x), \quad (\text{スカラー倍})：\{cf(x)\}' = c \cdot f'(x)$$

が成り立つ.

証明は次のように考えれば良い.

$$f(x+h) = f(x) + f'(x)h + (h^2 \text{以上}), \quad g(x+h) = g(x) + g'(x)h + (h^2 \text{以上})$$
$$\Longrightarrow f(x+h) + g(x+h) = f(x) + g(x) + \{f'(x) + g'(x)\}h + (h^2 \text{以上}),$$
$$cf(x+h) = cf(x) + cf'(x)h + (h^2 \text{以上})$$

　□

1.3.1　公式を用いた計算例

公式を用いて導関数を求めることに慣れよう.

1.

$$\left(\frac{x^3}{3} - 2x + 4\right)' = \left\{\frac{1}{3}x^3 + (-2)x + 4\right\}'$$
$$= \left(\frac{1}{3}x^3\right)' + \{(-2)x\}' + (4)' \quad (\because 和の公式)$$
$$= \frac{1}{3}(x^3)' + (-2)(x)' + (4)' \quad (\because スカラー倍の公式)$$
$$= \frac{1}{3} \cdot 3x^2 + (-2) \cdot 1 + 0 \quad (\because 公式 : (x^\alpha)' = \alpha \cdot x^{\alpha-1})$$
$$= x^2 - 2.$$

2.

$$\left(\frac{1}{3x^3}\right)' = \left\{\frac{1}{3}x^{-3}\right\}'$$
$$= \frac{1}{3}(x^{-3})' \quad (\because スカラー倍の公式)$$
$$= \frac{1}{3} \cdot (-3)x^{-4} \quad (\because 公式 : (x^\alpha)' = \alpha \cdot x^{\alpha-1})$$
$$= \frac{-1}{x^4}.$$

3.

$$\left(x^3\sqrt{x}\right)' = \left(x^3 x^{\frac{1}{2}}\right)' = \left(x^{\frac{7}{2}}\right)'$$
$$= \frac{7}{2} \cdot x^{\frac{5}{2}} \quad (\because 公式 : (x^\alpha)' = \alpha \cdot x^{\alpha-1})$$
$$= \frac{7}{2}x^2\sqrt{x}.$$

4.

$$\left(\sqrt{2x}\right)' = \left(\sqrt{2} \cdot x^{\frac{1}{2}}\right)' = \sqrt{2}\left(x^{\frac{1}{2}}\right)' \quad (\because スカラー倍の公式)$$
$$= \sqrt{2} \cdot \frac{1}{2} \cdot x^{-\frac{1}{2}} \quad (\because 公式 : (x^\alpha)' = \alpha \cdot x^{\alpha-1})$$
$$= \frac{\sqrt{2}}{2\sqrt{x}}.$$

1.4 接線に関する補足

接線や微分可能性に関するいくつかの補足をしておく.

1.4.1 放物線の接線は，放物線に接している

> **例題 1.8**　次の問いに答えよ.
> (1) 放物線 $y = x^2$ の $x = a$ での接線を求めよ.
> (2) この接線が，放物線と共有点が1点であるという意味で，放物線に接していることを示せ.

- 我々は，接点で曲線を最もよく近似する直線を接線と定義したのであって，本当に接している かどうかは全く問題にしなかったことに注意してもらいたい．むしろ「接する」という言葉を 再定義，拡大解釈している．

解　(1) $y = f(x) = x^2$ から $y' = f'(x) = 2x$ が公式より分かる．よって，$x = a$ における接線の 式は $y = f'(a)(x - a) + f(a)$ であったから

$$y = 2a(x - a) + a^2 = 2ax - a^2. \quad \therefore y = 2ax - a^2.$$

(2) 放物線 $y = x^2$ と接線 $y = 2ax - a^2$ との共有点の x 座標は

$$x^2 = 2ax - a^2. \quad x^2 - 2ax + a^2 = 0. \quad (x - a)^2 = 0. \quad \therefore x = a\,(\text{重根}).$$

よって，確かに共有点は 1 点のみであり，接している．　　　　　　　　　　　　　　□

1.4.2　直線の接線は自分自身である

> **例題 1.9**　p, q, a は定数とする．直線：$y = f(x) = px + q$ の $x = a$ での接線を求めよ．

解
$$y' = f'(x) = (px + q)' = p(x)' + (q)' = p.$$
より，$x = a$ での接線の傾きは $f'(a) = p$ である．$f(a) = pa + q$ なので，接線の式は

$$y = f'(a)(x - a) + f(a) = p(x - a) + pa + q = px + q$$

となる．　　　　　　　　　　　　　　　　　　　　　　　　　　　　　　　　　　□

　この例題から，「**直線の接線は自分自身である**」ことが分かる．この接線は，接しているというよ り一致している．しかし，この場合も接線という．

1.4.3　切っていても接線である

> **例題 1.10**　$y = f(x) = x^3$ の $x = 0$ における接線を求めよ．

解
$$y' = f'(x) = (x^3)' = 3x^2.$$
より，$x = 0$ での接線の傾きは $f'(0) = 0$ である．$f(0) = 0$ なので，接線の式は

$$y = f'(0)(x - 0) + f(0) = 0 \cdot (x - 0) + 0 = 0$$

となる．　　　　　　　　　　　　　　　　　　　　　　　　　　　　　　　　　　□

　つまり**接線 $y = 0$ は**，**曲線 $y = x^3$ を切り取っている**．しかし，この場合も接線という．

1.4.4 曲線の角（カド）の点では微分できない

> **例題 1.11** 曲線 $y = f(x) = |2x - 6|$ のグラフを描き，$f(x)$ が微分可能でない点を求めよ.

解 $y = |f(x)|$ のグラフは $y = f(x)$ のグラフを描き，$y < 0$ の部分を x 軸に関して折り返せば良い. これは $|-2| = -(-2) = 2, |2| = 2$ から分かるであろう. よって，グラフがカドをもつ可能性のある点（の x 座標）は，$f(x) = 0$ を満たす x である. $y = |2x - 6|$ のグラフは図 1.2 である.

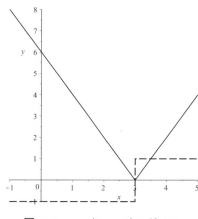

図 1.2 $y = |2x - 6|$ のグラフ

また，$2x - 6 = 0$ を満たす x は $x = 3$ である. $f(3) = |2 \cdot 3 - 6| = 0$ より

$$f(3 + h) = |2(3 + h) - 6| = |2h| = 2|h| = \begin{cases} f(3) + 2h & (h \geqq 0) \\ f(3) + (-2)h & (h < 0) \end{cases}$$

であり，$f(a + h) = f(a) + Ah + (h^2 \text{以上})$ の定数 A が決まらない（h の正負にかかわらず定数となるべき）. よって $x = 3$ においては微分可能ではない. □

1.4.5 極限に関する注意

例題 1.11 において，

$$\frac{f(3 + h) - f(3)}{h} = \frac{2|h|}{h} = \begin{cases} \dfrac{2h}{h} & (h > 0) \\ \dfrac{-2h}{h} & (h < 0) \end{cases} = \begin{cases} 2 & (h > 0) \\ -2 & (h < 0) \end{cases}$$

であり，h が 0 に近づく近づき方で $\dfrac{f(3 + h) - f(3)}{h}$ の行き先の値が異なる時は，「極限 $\displaystyle\lim_{h \to 0} \dfrac{f(3 + h) - f(3)}{h}$ が存在する」とはいわない. 図 1.2 グラフの破線がその導関数のグラフである. $f'(3)$ の値は存在しないことに注意せよ.

1.4.6 接線が x 軸を切る点を求める

> **例題 1.12**　$a,b>0$ とする．$y=x^2-b$ の $x=a$ での接線が x 軸と交わる点を求めよ．

解

$$y'=(x^2-b)'=(x^2)'+(-b)'=2x$$

より，$x=a$ における接線の傾きは $2a$ であり，接線の式は

$$y=2a(x-a)+a^2-b=2ax-a^2-b$$

となる．よって $2ax-a^2-b=0$ を解いて，$x=\dfrac{1}{2}\left(a+\dfrac{b}{a}\right)$．　$\therefore \left(\dfrac{1}{2}\left(a+\dfrac{b}{a}\right),0\right)$.　　□

1.4.7 接線から $\sqrt{b}$ の近似値を求めることができる

上の例題において，$x=\dfrac{1}{2}\left(a+\dfrac{b}{a}\right)$ は $\sqrt{b}$ の近似値を与えている．これを繰り返して

$$a_n=\frac{1}{2}\left(a_{n-1}+\frac{b}{a_{n-1}}\right),\quad a_0=a$$

で数列 $a_0,a_1,a_2,\cdots$ を定義すると，$a_n\to\sqrt{b}\,(n\to\infty)$ を示すことができる．例えば，$a=b=2$ として

$$a_1=\frac{1}{2}\left(2+\frac{2}{2}\right)=1.5,$$
$$a_2=\frac{1}{2}\left(1.5+\frac{2}{1.5}\right)=1.41667,$$
$$a_3=\frac{1}{2}\left(1.41667+\frac{2}{1.41667}\right)=1.41422,$$
$$a_4=\frac{1}{2}\left(1.41422+\frac{2}{1.41422}\right)=1.41421$$

である．ちなみに，$\sqrt{2}=1.414213562\cdots$ である．

1.4.8 接線と x 軸とのなす角から，接線の傾きが分かる

> **例題 1.13**　$y=x^2$ の傾き正の接線で，x 軸の正の方向とのなす角が $\dfrac{\pi}{4}$ であるものを求めよ．

解　接点の座標を (a,a^2) とする．$y'=2x$ より接線の傾きは $2a$ である．また傾き正で x 軸とのなす角が $\dfrac{\pi}{4}$ なので，傾きは 1 である．これより，$2a=1$ から $a=\dfrac{1}{2}$ と分かる．これを接線の式 $y=2a(x-a)+a^2$ に代入して，$y=x-\dfrac{1}{4}$ である．　　□

一般的に次のことが成り立つ.

定理 1.14 $y = f(x)$ の $x = a$ での接線と x 軸の正の方向とのなす角を $\theta \left(-\dfrac{\pi}{2} < \theta < \dfrac{\pi}{2} \right)$ とする. このとき $\tan\theta = f'(a)$ の関係が成り立つ.

演習問題

1.1　次の関数を微分せよ.

(1) $2x^4 - x^2 + 3 + \dfrac{1}{x}$　　(2) $x + \dfrac{1}{x}$　　(3) $\dfrac{x^2}{2} + \dfrac{1}{2x^2}$　　(4) $x\sqrt{x}$　　(5) $2x^2\sqrt{x}$

(6) $\dfrac{x^2}{\sqrt{x}}$　　(7) $\sqrt{3x}$　　(8) $\sqrt{\dfrac{x}{2}}$

1.2　$y = x^2$ の $x = a \neq 0$ での接線が x 軸と交わる点を求めよ.

1.3　$y = \dfrac{1}{x}$ の $x = a > 0$ での接線と x, y 軸とで作る三角形の面積を求めよ.

1.4　$y = x^3 - x$ の接線が傾き 1 となる接点の x 座標を求めよ.

1.5　$y = 3x - x^3$ の接線が傾き 1 となる接点の x 座標を求めよ.

1.6　$g(x) = (5x + 1)^3$ とする. $g(x + h)$ を h について,

(1) $g(x + h) = (5x + 1)^3 + A(5x + 1)^2 h + O(h^2)$ と展開するとき, A の値を求めよ.

(2) $g'(x)$ を求めよ.

1.7　$f(x) = -\dfrac{1}{2}x^2 + \sqrt{3}x + \dfrac{1}{3}$ について, 次の問いに答えよ.

(1) $f'(x)$ を求めよ.

(2) 放物線 $y = f(x)$ の $x = a > \sqrt{3}$ における接線 L を引く. L と x 軸とのなす角が $-30°$ となる a の値を求めよ.

(3) (2) の a に対して, L の式を求めよ.

第2章

微分の計算練習をする

　以下に述べる一般的な微分公式を用いると，すでに分かっている関数の導関数から，複雑な関数の導関数が機械的に計算できる．またこれらの公式は，種々の推論の場面に使われるという点でも重要である．特に，**合成関数の微分法**の使い方には十分習熟しなければならない．

2.1 一般的な微分公式

　和，スカラー倍の微分公式の他に，**積の微分公式**，**商の微分公式**，**合成関数の微分公式**がある．証明は最後に与えるが，使えることが大事である．

和・スカラー倍・積・商・合成関数の微分公式

　微分可能な関数 $f(x), g(x)$ と定数 c に対して，次の公式が成り立つ．

- （和，スカラー倍）　$\{f(x) + g(x)\}' = f'(x) + g'(x), \quad \{cf(x)\}' = c \cdot f'(x)$

- （積）　$\{f(x)g(x)\}' = f'(x)g(x) + f(x)g'(x)$

- （商）　$\left\{\dfrac{f(x)}{g(x)}\right\}' = \dfrac{f'(x)g(x) - f(x)g'(x)}{g(x)^2}$

- （合成関数）　$\{g(f(x))\}' = g'(f(x))f'(x)$

また微分可能な $y = y(u), u = u(x)$ に対しては，合成関数の微分公式は次の形となる

- （合成関数）　$\dfrac{dy}{dx} = \dfrac{dy}{du}\dfrac{du}{dx}$

2.1.1 合成関数の微分公式：$\dfrac{dy}{dx} = \dfrac{dy}{du}\dfrac{du}{dx}$ を使う

例題 2.1 関数 $y = (3x^2 + 2)^4, u = 3x^2 + 2$ に対して次の問いに答えよ.

(1) $\dfrac{dy}{du}$ を u の式で表せ.

(2) $\dfrac{du}{dx}$ を x の式で表せ.

(3) $\dfrac{dy}{dx}$ を x の式で表せ.

解 (1) y を u の式で表すと $y = u^4$ である. $\dfrac{dy}{du}$ は u の式で表された y を u で微分したものなので, 公式 $(x^\alpha)' = \alpha x^{\alpha-1}$ を用いて

$$\frac{dy}{du} = (u^4)' = 4u^3$$

である.

(2) $\dfrac{du}{dx}$ は u を x で微分した導関数を表すから, $\dfrac{du}{dx} = (3x^2 + 2)' = 6x.$

(3) 合成関数の微分公式より

$$\frac{dy}{dx} = \frac{dy}{du}\frac{du}{dx} = 4u^3 \times 6x = 4(3x^2 + 2)^3 \times 6x = 24x(3x + 2)^3. \qquad \square$$

2.1.2 別の文字に置き換えて計算が楽に進む，それが合成関数の微分公式である

$(a+b)^4 = a^4 + 4a^3b + 6a^2b^2 + 4ab^3 + b^4$ の公式を用いて, $y = (3x^2 + 2)^4$ を展開すると

$$y = (3x^2)^4 + 4(3x^2)^3(2) + 6(3x^2)^2(2)^2 + 4(3x^2)(2)^3 + (2)^4$$
$$= 3^4 x^8 + 2^3 \cdot 3^3 x^6 + 2^3 \cdot 3^3 x^4 + 2^5 \cdot 3x^2 + 2^4$$

となる. この式を x で微分すれば, $(a+b)^3 = a^3 + 3a^2b + 3ab^2 + b^3$ に注意して,

$$y' = 3^4 \cdot 8x^7 + 2^3 \cdot 3^3 \cdot 6x^5 + 2^3 \cdot 3^3 \cdot 4x^3 + 2^5 \cdot 3 \cdot 2x$$
$$= 24x\{3^3 x^6 + 2 \cdot 3^3 \cdot x^4 + 2^2 \cdot 3^2 \cdot x^2 + 2^3\}$$
$$= 24x\{(3x^2)^3 + 3 \cdot (3x^2)^2 \cdot 2 + 3 \cdot (3x^2) \cdot 2^2 + 2^3\}$$
$$= 24x(3x^2 + 2)^3$$

と答えに辿り着ける. しかしこの計算と比べて, 別の文字で置き換える操作で計算がいかに楽に進むか分かるであろう.

2.1.3 合成関数の微分公式：$\{g(f(x))\}' = g'(f(x))f'(x)$ を使う

例題 2.2 関数 $y = g(1 - 2x), f(x) = 1 - 2x$ に対して次の問いに答えよ.

(1) $f'(x)$ を x の式で表せ.

(2) $\{g(1 - 2x)\}'$ を x の式で表せ.

(3) $\dfrac{dy}{dx}$ を x の式で表せ.

解　(1) $f'(x) = (1 - 2x)' = -2$ である.

(2) $g'(f(x))$ は, $g(x)$ の導関数 $g'(x)$ の x に $f(x) = 1 - 2x$ を代入したものなので, $g'(f(x)) = g'(1 - 2x)$ である. よって合成関数の微分公式: $\{g(f(x))\}' = g'(f(x))f'(x)$ から,

$$\{g(1 - 2x)\}' = \{g(f(x))\}' = g'(f(x))f'(x) = g'(1 - 2x) \cdot (-2) = -2g'(1 - 2x)$$

である.

(3) $u = 1 - 2x$ とおくと $y = g(u)$ である. 合成関数の微分公式: $\dfrac{dy}{dx} = \dfrac{dy}{du}\dfrac{du}{dx}$ を使うと

$$\frac{dy}{dx} = \frac{dy}{du}\frac{du}{dx} = g'(u) \cdot (-2) = -2g'(u) = -2g'(1 - 2x)$$

である.　　　　　　　　　　　　　　　　　　　　　　　　　　　　　　　　　　□

合成関数の微分公式の 2 つの表現 $\{g(f(x))\}' = g'(f(x))f'(x)$ と $\dfrac{dy}{dx} = \dfrac{dy}{du}\dfrac{du}{dx}$ は全く同じ内容を表しているので, 使いやすい形で用いれば良い.

2.1.4 合成関数の微分公式の特別な形：$(y^\alpha)' = \alpha y^{\alpha-1} y'$

> **例題 2.3**　$y = y(x) \, (\alpha \in \mathbb{R})$ に対して $(y^\alpha)' = \alpha y^{\alpha-1} y'$ を示せ.

解　合成関数の微分公式を用いる.

$$(y^\alpha)' = \frac{dy^\alpha}{dx} = \frac{dy^\alpha}{dy}\frac{dy}{dx} = \alpha y^{\alpha-1} y'.$$
　　　　　　　　　　　　　　　　　　　　　　　　　　　　　　　　　　　　　□

この種の計算はこれから何度も出てくるので, 公式として覚えておくと良い.

2.2 陰関数の微分法

2.2.1 陰関数の微分法を使ってみる

> **例題 2.4**　次の問いに答えよ.
> (1) $x^2 + 3xy + y^2 = 2$ から y' を x, y を用いて表せ.
> (2) $\dfrac{x^2}{a^2} + \dfrac{y^2}{b^2} = 1$ 上の点 (x_0, y_0) での接線の式は,
>
> $$\frac{x_0 x}{a^2} + \frac{y_0 y}{b^2} = 1$$
>
> であることを示せ.

- $x^2 + 3xy + y^2 = 2$ は, x を与えると y が定まるので, この y は x の関数と考えることができる. しかし y は x の式としてはっきりと表示されているわけではないので, $x^2 + 3xy + y^2 = 2$ を y の陰関数表示という. 2 次方程式の解の公式を用いて

$$y = \frac{1}{2}(-3x \pm \sqrt{5x^2 + 8})$$

と y を x の式で表示することもできる．これは陰関数表示に対して，陽関数表示といえるが，この用語はあまり使われない．関数といえば普通 $y = f(x)$ と陽関数表示されたものを指すからであろう．

● 次の計算のやり方は**陰関数の微分法**と呼ばれているが，名前よりも**"両辺を x で微分する"**と覚えておく方が大事である．また公式 $(y^\alpha)' = \alpha y^{\alpha-1} y'$ を $\alpha = 2$ として，$(y^2)' = 2yy'$ の形で用いることにも注意せよ．

解 (1) $x^2 + 3xy + y^2 = 2$ の両辺を x で微分する．$(x^2 + 3xy + y^2)' = (2)'$．積の微分公式：$(fg)' = f'g + fg'$ を用いて

$$(3xy)' = 3(xy)' = 3\{(x)'y + xy'\} = 3y + 3xy'.$$

さらに公式：$(y^2)' = 2yy', (x^2)' = 2x, (2)' = 0$ に注意して

$$2x + 3y + 3xy' + 2yy' = 0. \quad \therefore (3x + 2y)y' = -2x - 3y.$$

よって

$$y' = \frac{-2x - 3y}{3x + 2y}.$$

(2) $\dfrac{x^2}{a^2} + \dfrac{y^2}{b^2} = 1$ の両辺を x で微分する．

$$\left(\frac{x^2}{a^2} + \frac{y^2}{b^2}\right)' = \left(\frac{x^2}{a^2}\right)' + \left(\frac{y^2}{b^2}\right)' = \frac{2x}{a^2} + \frac{2yy'}{b^2}, \quad (1)' = 0.$$

よって

$$\frac{2x}{a^2} + \frac{2yy'}{b^2} = 0. \quad \therefore y' = -\frac{b^2 x}{a^2 y}.$$

これより点 (x_0, y_0) での接線の傾きは $y' = -\dfrac{b^2 x_0}{a^2 y_0}$ だから，接線の式は

$$y = -\frac{b^2 x_0}{a^2 y_0}(x - x_0) + y_0$$

となる．この式を変形して

$$\frac{x_0 x}{a^2} + \frac{y_0 y}{b^2} = \frac{x_0^2}{a^2} + \frac{y_0^2}{b^2}$$

となる．(x_0, y_0) は曲線上にあるので，$\dfrac{x_0^2}{a^2} + \dfrac{y_0^2}{b^2} = 1$ から

$$\frac{x_0 x}{a^2} + \frac{y_0 y}{b^2} = 1. \qquad\qquad \square$$

2.2.2 2次曲線の接線の式は覚えやすい

$P_0(x_0, y_0)$ は 2 次曲線上の点とする．P_0 を接点とする接線の式は，次のようになる（導き方は例題 2.4 と全く同じ）．2 乗の項は 1 乗分を接点に，1 乗の項は接点と半分こしてやればいいので，接線の式は覚えやすい．

曲線	曲線の式	接線
楕円	$\dfrac{x^2}{a^2} + \dfrac{y^2}{b^2} = 1$	$\dfrac{x_0 x}{a^2} + \dfrac{y_0 y}{b^2} = 1$
双曲線	$\dfrac{x^2}{a^2} - \dfrac{y^2}{b^2} = \pm 1$	$\dfrac{x_0 x}{a^2} - \dfrac{y_0 y}{b^2} = \pm 1$
放物線	$y^2 = 4px$	$y_0 y = 4p\left(\dfrac{x + x_0}{2}\right)$

2.2.3 楕円に外接する正方形

楕円に外接する正方形の 1 辺の長さを求めてみよう．ここでは外接する正方形が唯 1 つ存在することをここでは認めて話を進める．

例題 2.5 楕円 $\dfrac{x^2}{4} + y^2 = 1$ に外接する正方形の 1 辺の長さを次の手順で求めよ．

(1) $u > 0, v > 0$ は定数とする．楕円上の点 (u, v) における接線 L の式を求めよ．

(2) 楕円は x 軸，y 軸に関して対称なので，L が外接する正方形の 1 辺を表すとすると，$45°$ の角度で x 軸と交わる．よって傾きは -1 である．これより u を v で表せ．

(3) u, v の値を求めよ．

(4) 楕円に外接する正方形の 1 辺の長さを求めよ．

解 (1) 接線の公式より，$\dfrac{ux}{4} + vy = 1$ である．

(2) $y = -\dfrac{u}{4v}x + \dfrac{1}{v}$ で傾き -1 より，$\dfrac{u}{4v} = 1$．よって $u = 4v$ である．

(3) (u, v) は楕円上の点なので，$\dfrac{u^2}{4} + v^2 = 1$ を満たす．これに $u = 4v$ を代入して，$5v^2 = 1$. $v > 0$ なので，$v = \dfrac{1}{\sqrt{5}}, u = 4v = \dfrac{4}{\sqrt{5}}$ が分かる．

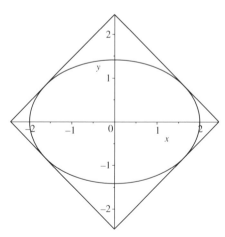

図 2.1 楕円 $\dfrac{x^2}{4} + y^2 = 1$ に外接する正方形

(4) L の式は $\dfrac{x}{\sqrt{5}} + \dfrac{y}{\sqrt{5}} = 1$ より，x 軸と $x = \sqrt{5}$ で交わる．よって正方形の 1 辺の長さは，$\sqrt{2} \times \sqrt{5} = \sqrt{10}$ である．　　　　　　　　　□

2.3 1次近似式

h が小さいとき，h についての展開

$$f(a + h) = f(a) + f'(a)h + Bh^2 + Ch^3 + \cdots$$

を 1 次の項で打ち切ったものが，$f(a + h)$ の 1 次近似式である．

> **公式（1 次近似式）**
> h が十分小さいとき
> $$f(a + h) \fallingdotseq f'(a)h + f(a)$$
> と近似される．$\fallingdotseq$ は「ほぼ等しい」を表す記号である．特に $a = 0$ として
> $$f(h) \fallingdotseq f'(0)h + f(0).$$

2.3.1 1次近似式を計算する

> **例題 2.6**　次の問いに答えよ．
> (1) α は実数とする．h が十分小さいとき，1 次近似式
> $$(1 + h)^{\alpha} \fallingdotseq 1 + \alpha h$$
> を示せ．
> (2) (1) の式を利用して，h が十分小さいときの 1 次近似式
> $$\sqrt{4 + h} \fallingdotseq \dfrac{1}{4}h + 2$$
> を導け．
> (3) Δx が十分小さいとき，次の式の 1 次近似式を求めよ．
> $$\dfrac{2 + 3\Delta x}{4 - 5\Delta x}.$$

解　(1) $f(x) = (1 + x)^{\alpha}$ に対して

$$f(0) = 1, \quad f'(x) = \alpha(1 + x)^{\alpha - 1}, \quad \therefore f'(0) = \alpha$$

なので，公式 $f(h) \fallingdotseq f'(0)h + f(0)$ を適用して

$$(1 + h)^{\alpha} = f(h) \fallingdotseq f'(0)h + f(0) = \alpha h + 1.$$

(2)

$$\sqrt{4+h} = 2\sqrt{1+\frac{h}{4}} = 2\left(1+\frac{h}{4}\right)^{\frac{1}{2}} \fallingdotseq 2\left(1+\frac{1}{2}\cdot\frac{h}{4}\right) = 2+\frac{h}{4}.$$

(3) $f(x) = \dfrac{2+3x}{4-5x}$ とおく.

$$f'(x) = \frac{3(4-5x)-(2+3x)(-5)}{(4-5x)^2} = \frac{22}{(4-5x)^2}$$

より, $f'(0) = \dfrac{11}{8}$, $f(0) = \dfrac{1}{2}$. よって

$$\frac{2+3\Delta x}{4-5\Delta x} = f(\Delta x) \fallingdotseq f'(0)\Delta x + f(0) = \frac{11}{8}\Delta x + \frac{1}{2}. \qquad \square$$

2.3.2 $(1+h)^{\alpha} \fallingdotseq 1+\alpha h$ を利用して,$(\Delta x)^2$ 以上は無視する

普通は例題 2.6(3) のような解法はしない.公式：$(1+h)^{\alpha} \fallingdotseq 1+\alpha h$ を利用して,$(\Delta x)^2$ 以上は無視する.

$$\frac{2+3\Delta x}{4-5\Delta x} = \frac{2+3\Delta x}{4\left(1-\dfrac{5}{4}\Delta x\right)} = \frac{1}{4}(2+3\Delta x)\left(1-\frac{5}{4}\Delta x\right)^{-1}$$

$$\fallingdotseq \frac{1}{4}(2+3\Delta x)\left(1+\frac{5}{4}\Delta x\right) = \frac{1}{4}\left\{2+\frac{5}{2}\Delta x + 3\Delta x + \frac{15}{4}(\Delta x)^2\right\} \fallingdotseq \frac{11}{8}\Delta x + \frac{1}{2}. \quad \square$$

2.3.3 1 次近似式の誤差は $O(h^2)$

h が小さいとき,上の近似式がどの程度良い近似を与えているか数値例を挙げておく.近似式の求め方を思い出すと分かるように,誤差は h^2 程度である.

$$f(h) = f(0) + f'(0)h + O(h^2) \quad (h \to 0).$$

h	$\sqrt{4+h}$	$\dfrac{1}{4}h+2$
1	$\sqrt{5} = 2.236067\cdots$	2.25
0.1	$\sqrt{4.1} = 2.024845\cdots$	2.025
0.01	$\sqrt{4.01} = 2.002498\cdots$	2.0025

2.4 微分公式の証明

和・スカラー倍の公式はすでに示している.

$$f(x+h) = f(x) + f'(x)h + (h^2\text{以上}), \quad g(x+h) = g(x) + g'(x)h + (h^2\text{以上}) \quad (h \to 0)$$

とする.

1. 積の微分公式の証明：

$$f(x+h)g(x+h) = \{f(x) + f'(x)h + (h^2\text{以上})\}\{g(x) + g'(x)h + (h^2\text{以上})\}$$

$$= f(x)g(x) + \{f'(x)g(x) + f(x)g'(x)\}h + (h^2\text{以上}).$$

2. 合成関数の微分公式の証明：

$$f(x) = y, \quad k = f(x+h) - f(x) = f'(x)h + (h^2 以上)$$

とおくと，$h \to 0$ のとき，$k \to 0$ であり，k は h 以上であるから，

$$
\begin{aligned}
g(f(x+h)) &= g(y+k) \\
&= g(y) + g'(y)k + (k^2 以上) \\
&= g(f(x)) + g'(f(x))\{f'(x)h + (h^2 以上)\} + (k^2 以上) \\
&= g(f(x)) + g'(f(x))f'(x)h + (h^2 以上).
\end{aligned}
$$

3. 商の微分公式の証明：$\left(\dfrac{1}{x}\right)' = (x^{-1})' = \dfrac{-1}{x^2}$ はすでに証明しているから，合成関数の微分公式より，

$$\{(g(x))^{-1}\}' = \frac{-1}{g(x)^2} \cdot g'(x) = \frac{-g'(x)}{g(x)^2}$$

が成り立つ．そこで，$\dfrac{f(x)}{g(x)} = f(x) \cdot (g(x))^{-1}$ として積の微分公式を用いる．

$$\left(\frac{f}{g}\right)' = \{f \cdot (g)^{-1}\}' = f' \cdot (g)^{-1} + f \cdot \frac{(-g')}{g^2} = \frac{f'g - fg'}{g^2}.$$

演習問題

2.1 関数 $y = \sqrt{x^2+5}, u = x^2+5$ に対して次の問いに答えよ．

(1) $\dfrac{dy}{du}$ を u の式で表せ．

(2) $\dfrac{du}{dx}$ を x の式で表せ．

(3) $\dfrac{dy}{dx}$ を x の式で表せ．

2.2 次の関数の導関数を求めよ．

(1) $(2x+3)^{10}$ (2) $(1-x)^{20}$ (3) $(x^2+1)^5$ (4) $(1-x^3)^6$

2.3 次の関数を微分せよ．

(1) $\dfrac{x-1}{x+1}$ (2) $\dfrac{x^2-1}{x^2+1}$ (3) $\dfrac{ax+b}{cx+d}$ (4) $\dfrac{x}{x^2+1}$

2.4 y' を x, y を用いて表せ．

(1) $y^2 = 4x$ (2) $x^2 + xy + y^2 = 1$ (3) $\sqrt{x} + \sqrt{y} = 1$

2.5 $y^2 = 4px$ 上の点 (x_0, y_0) での接線の式を求めよ．

2.6 (1) 楕円 $\dfrac{x^2}{4} + \dfrac{y^2}{2} = 1$ のグラフを描き，点 $\left(1, \dfrac{\sqrt{6}}{2}\right)$ での接線の式を求めよ．

(2) 楕円 $x^2 + \dfrac{y^2}{9} = 1$ のグラフを描き，点 $\left(-\dfrac{1}{3}, 2\sqrt{2}\right)$ での接線の式を求めよ．

2.7 楕円 $\dfrac{x^2}{4} + \dfrac{y^2}{2} = 1$ に外接する正方形の 1 辺の長さを求めよ．

2.8　次の関数の導関数を f, f' を用いて表せ.

(1) $f(x^2)$　　　(2) $f(2x+1)$　　　(3) $f(\sqrt{x})$　　　(4) $xf(x^2)$

2.9　Δx が十分小さいとき，次の式の 1 次近似式を求めよ.

(1) $\sqrt{1+\Delta x}$　　(2) $\dfrac{1}{\sqrt{1+\Delta x}}$　　(3) $\dfrac{1}{1+2\Delta x}$　　(4) $\dfrac{1+\Delta x}{1-\Delta x}$

第3章

凹凸も込めて関数のグラフを描く

関数 $f(x)$ を1回微分した導関数 $f'(x)$ の正負により関数の増加減少，2回微分した2次導関数 $f''(x)$ の正負により関数の凹凸が分かることを理解する．そのことを利用して関数のグラフを描いてみよう．関数の増減を判定する数学的な根拠は，平均値の定理である．

3.1 平均値の定理

平均値の定理について述べよう．しかし証明は「実数の連続性」という性質を使い，いろいろと準備が必要なので例で納得してほしい．

3.1.1 平均値の定理を理解しよう

> **定理 3.1（平均値の定理）** $f(x)$ は微分可能な関数とする．$a < b$ である a, b に対して，$a < c < b$ となる c が見つかり
> $$\frac{f(b) - f(a)}{b - a} = f'(c)$$
> の関係が成り立つ．

- 例えば，$f(x) = 2x - x^2$ として，$a = 0, b = 1$ の場合を考える．
- $\dfrac{f(b) - f(a)}{b - a} = \dfrac{f(1) - f(0)}{1 - 0} = 1$ である．
- 2点 $(0, 0), (1, 1)$ を結ぶ直線 L_0 の方程式は，$y = x$ である．
- 直線 L_0 を平行にずらしていくと直線 $L_2 : y = x + \dfrac{1}{2}$ ではグラフとの交点はないから，その途中でグラフとの交点が1個，即ち接線 L_1 が引けるはずである．
- その接線 L_1 が直線 $y = x + \dfrac{1}{4}$ で，その接点の x 座標は $c = \dfrac{1}{2} (a < c < b)$，傾きは $f'(c) = 1$ である．直線 L_0 と L_1 の傾きは等しいので
$$\frac{f(b) - f(a)}{b - a} = f'(c)$$
が成り立っている．

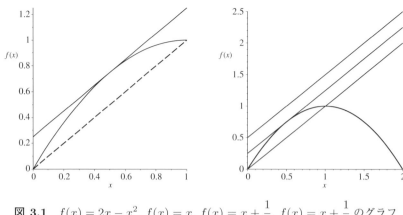

図 3.1 $f(x) = 2x - x^2,\ f(x) = x,\ f(x) = x + \dfrac{1}{4},\ f(x) = x + \dfrac{1}{2}$ のグラフ

3.1.2 平均値の定理の別表現にも注意する

> **定理 3.2（平均値の定理（別表現））** $f(x)$ は微分可能な関数とする．任意の a, h に対して，$0 < \theta < 1$ となる θ があって，
>
> $$f(a + h) - f(a) = f'(a + \theta h)h$$
>
> の関係が成り立つ．

証明 (i) $h = 0$ のとき $0 < \theta < 1$ を満たす θ に対して，

$$f(a + h) - f(a) = f(a) - f(a) = 0, \quad f'(a + \theta h)h = f'(a + \theta \times 0) \times 0 = 0$$

なので成り立つ．

(ii) $h > 0$ のとき，$b = a + h > a$ として定理 3.1 の平均値の定理を適用すると，$a < c < b$ を満たす c があり，$h = b - a$ から

$$f(a + h) - f(a) = f'(c)h \qquad\qquad \cdots\cdots(*)$$

となる．$\theta = \dfrac{c - a}{b - a}$ とおくと，

$$c = a + \theta h, \quad 0 < \theta < 1 \qquad\qquad \cdots\cdots(**)$$

で $(**)$ を $(*)$ に代入すれば

$$f(a + h) - f(a) = f'(a + \theta h)h, \quad 0 < \theta < 1$$

となる．

(iii) $h < 0$ のとき，$a + h, a\ (a + h < a)$ で定理 3.1 の平均値の定理を適用して

$$f(a) - f(a + h) = f'(c)(-h), \quad a + h < c < a$$

を満たす c が見つかる. $c = a + \theta h$ で θ を決めると, $h < 0$ から

$$a + h < a + \theta h < a. \quad \therefore 0 < \theta < 1$$

となり

$$f(a + h) - f(a) = f'(a + \theta h)h, \quad 0 < \theta < 1$$

が成り立つ. □

3.1.3 平均値の定理に現れる θ を計算してみる

例題 3.3 a, h は定数で $h \neq 0$ とする. $f(x) = x^2$ に対して,

$$f(a + h) - f(a) = f'(a + \theta h)h$$

を満たす θ を求めよ.

解 $f'(x) = 2x$ より,

$$f(a + h) - f(a) = (a + h)^2 - a^2 = 2ah + h^2, \quad f'(a + \theta h)h = 2(a + \theta h)h = 2ah + 2\theta h^2$$

から $\theta = \dfrac{1}{2}$ と分かる. □

実は, 2 次関数の場合はすべて $\theta = \dfrac{1}{2}$ となり, 2 回微分できて導関数がすべて連続となる関数 $f(x)$ に対して, $f''(a) \neq 0$ のときは, $\displaystyle\lim_{h \to 0} \theta = \dfrac{1}{2}$ となることが知られている.

3.2 関数の増加減少（増減）

3.2.1 接線の傾きから関数の増減が分かる

次の $y = f(x) = x^3 - 4x$ のグラフ（図 3.2）を見よう. $x = 1$ の近くでは, グラフは $x = 1$ における接線 $y = -x - 2$ で近似できる. 接線は減少しているので, グラフも減少している. 接線が減少していることは, 傾き $f'(1) = -1 < 0$ から分かる. 同様に, $x = 2$ の近くはその点における接線 $y = 8x - 16$ の傾き $f'(2) = 8 > 0$ なので, グラフは増加していると分かる.

3.2.2 導関数の符号で関数の増減を判定する

定理 3.4（関数の増減） $f(x)$ は微分可能な関数とする.
(1) $a < x < b$ で $f'(x) = 0$ ならば, $f(x)$ はこの範囲で定数である.
(2) $a < x < b$ で $f'(x) > 0$ ならば, $f(x)$ はこの範囲で**単調増加**である.
(3) $a < x < b$ で $f'(x) < 0$ ならば, $f(x)$ はこの範囲で**単調減少**である.

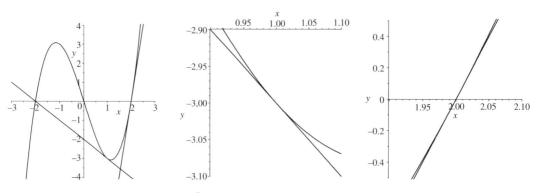

図 3.2 $y = x^3 - 4x$, $y = -x - 2$, $y = 8x - 16$ のグラフ

　ここで単調増加とは,「$x < y$ ならば $f(x) < f(y)$」となることである. 狭義単調増加といわれる場合もある. 単調減少も同様な意味で用いる.

証明　平均値の定理から $a < x < b$ に対して, $a < c < x$ なる c があり

$$f(x) - f(a) = f'(c)(x - a)$$

となる. よって

　(1) $f'(x) = 0$　$(a < x < b)$ ならば, $f'(c) = 0$ で, $f(x) = f(a)$　（定数）.

　再び平均値の定理から $a < x < y < b$ に対して, $x < c < y$ なる c があり

$$f(y) - f(x) = f'(c)(y - x)$$

となる. よって

　(2) $f'(x) > 0$　$(a < x < b)$ ならば, $f'(c) > 0, y - x > 0$ で, $f(x) < f(y)$.

　(3) $f'(x) < 0$　$(a < x < b)$ ならば, $f'(c) < 0, y - x > 0$ で, $f(x) > f(y)$.　　　□

3.3 関数の凹凸

　1 階導関数 $f'(x)$ の符号で, $f(x)$ の増減が分かった. 今度は, 2 階導関数 $f''(x)$ の符号で $f(x)$ の凹凸が分かることを示そう. 関数の凹凸は次のように定義する.

3.3.1 グラフが接線の上にあるか下にあるかで凹凸を決める

> **定義 3.5 (関数の凹凸の定義)**　$a < x < b$ で微分可能な関数 $f(x)$ がこの範囲で
> (1)「**下に凸である**」とは，$y = f(x)$ のグラフが接点を除いて常に接線の上側にあるときをいう．式で表せば，$a < x, c < b, x \neq c$ を満たす任意の x, c に対して，
>
> $$f(x) > f'(c)(x - c) + f(c)$$
>
> が成り立つことである．下に凸は，普通は単に凸 (convex) という．
> (2)「**上に凸である**」とは，$y = f(x)$ のグラフが接点を除いて常に接線の下側にあるときをいう．上に凸は，凹凸でいえば，凹 (concave) のことである．

- この凸は，正確には**狭義凸**というものである．
- 通常の「下に（上に）凸」の定義は，$y = f(x)$ のグラフ上の任意の 2 点を結ぶ線分が，常にグラフの下側（上側）にこないというものである．この定義では，直線は上にも下にも凸ということになる．
- 線分を用いた凸の定義は，微分できない関数にも適用可能な一般的なものである．

3.3.2 接線を用いた凸の定義から線分を用いた凸の定義を導く

　我々の凹凸の定義は，高校の数学 III に沿ったものである．$a < x < b$ で定義された関数 $f(x)$ がこの範囲で凸であるとは，普通，$a < x, y < b, 0 \leqq \lambda \leqq 1$ を満たす任意の x, y, λ に対して，

$$f((1 - \lambda)x + \lambda y) \leqq (1 - \lambda)f(x) + \lambda f(y)$$

が成り立つと定義される．定義 3.5 の凸の定義から，上式を導いてみよう．

> **定理 3.6**　$a < x < b$ で微分可能な関数 $f(x)$ は，$a < x, c < b, x \neq c$ を満たす任意の x, c に対して，不等式
>
> $$f(x) > f'(c)(x - c) + f(c) \qquad \cdots\cdots (*)$$
>
> を満たすとする．このとき，$a < x < y < b, 0 < \lambda < 1$ を満たす任意の x, y, λ に対して，不等式
>
> $$f((1 - \lambda)x + \lambda y) < (1 - \lambda)f(x) + \lambda f(y) \qquad \cdots\cdots (**)$$
>
> が成り立つ．

証明　まず $f'(x)$ が単調増加であることを示す．$a < c_1 < c_2 < b$ とする．$(*)$ 式で，それぞれ $x = c_1, c = c_2$ と $x = c_2, c = c_1$ とすると

$$f(c_1) > f'(c_2)(c_1 - c_2) + f(c_2), \quad f(c_2) > f'(c_1)(c_2 - c_1) + f(c_1)$$

から,

$$f'(c_2)(c_2 - c_1) > f(c_2) - f(c_1) > f'(c_1)(c_2 - c_1)$$

が得られる. $c_2 - c_1 > 0$ なので, $f'(c_2) > f'(c_1)$ となる. 次に

$$F(\lambda) = (1 - \lambda)f(x) + \lambda f(y) - f((1 - \lambda)x + \lambda y) = f(x) + \lambda\{f(y) - f(x)\} - f(x + \lambda(y - x))$$

とおく. 平均値の定理から, $f(y) - f(x) = f'(c_0)(y - x), x < c_0 < y$ を満たす c_0 が存在する. $f'(x)$ は単調増加であるから, このような c_0 は唯 1 つに定まる. そこで

$$F(\lambda) = f(x) + \lambda f'(c_0)(y - x) - f(x + \lambda(y - x))$$

を, 合成関数の微分公式 $\{g(f(x))\}' = g'(f(x))f'(x)$ を用いて微分すると,

$$F'(\lambda) = f'(c_0)(y - x) - f'(x + \lambda(y - x))(y - x) = (y - x)\{f'(c_0) - f'(x + \lambda(y - x))\}$$

が得られる. $f'(x)$ は単調増加であったから, $F'(\lambda) = 0$ となる λ は,

$$c_0 = x + \lambda(y - x), \quad \therefore \lambda = \frac{c_0 - x}{y - x} \ (= \lambda_0 \text{ とおく})$$

と求まる. $0 < \lambda_0 < 1$ である. 再び, $f'(x)$ は単調増加であることに注意すれば, $F(\lambda)$ は $0 < \lambda < \lambda_0$ では増加し, $\lambda_0 < \lambda < 1$ では減少する. さらに $F(0) = F(1) = 0$ であるから, $0 < \lambda < 1$ の範囲では $F(\lambda) > 0$ である. これは $(**)$ を示す. □

3.3.3　2 階導関数の符号で凹凸を判定する

> **定理 3.7 (関数の凹凸)** 　2 回微分可能な $f(x)$ が $a < x < b$ の範囲で
> (1) $f''(x) > 0$ ならば, $a < x < b$ で $f(x)$ は下に凸である.
> (2) $f''(x) < 0$ ならば, $a < x < b$ で $f(x)$ は上に凸である.

証明　$f''(x) > 0$ の場合について証明する ($f''(x) < 0$ の場合も同様). $y = f(x)$ の $x = c$ における接線の式は, $y = f'(c)(x - c) + f(c)$ である. そこで

$$F(x) = f(x) - f'(c)(x - c) - f(c)$$

を考える. これは, $x = x$ における曲線と接線との y 座標の差である. 曲線が接線より上にあるとき, $F(x) > 0$ である. よって $x \neq c$ で $F(x) > 0$ を示せば良い.

$$F'(x) = f'(x) - f'(c), \quad F''(x) = f''(x) > 0$$

である. よって $F'(x)$ は単調増加であり, $F'(c) = f'(c) - f'(c) = 0$ であるから,

$$F'(x) < 0 \quad (a < x < c), \quad F'(x) > 0 \quad (c < x < b)$$

である. これは $F(x)$ は $a < x < c$ の範囲で減少し, $c < x < b$ の範囲では増加することを意味する. 即ち $F(x)$ は $x = c$ で最小値をとり, その値は $F(c) = 0$ である. よって $x \neq c$ では $F(x) > 0$, 即ち

$$f(x) > f'(c)(x - c) - f(c)$$

が成り立ち, 曲線のグラフは接点を除き, 接線の上側にある. □

3.4 関数のグラフ

凹凸も込めて関数 $y = f(x)$ のグラフを描こう. y', y'' の符号と y の増減・凹凸の関係を思い出しておこう.

x	$\cdots$	$\cdots$	$\cdots$	$\cdots$
y'	$-$	$+$	$+$	$-$
y''	$+$	$+$	$-$	$-$
y	$\searrow$	$\nearrow$	$\curvearrowright$	$\searrow$

3.4.1 凹凸も込めた 3 次関数のグラフ

> **例題 3.8**　$f(x) = x^3 - 6x^2 + 9x + 1$ について，次の問いに答えよ.
>
> (1) $f'(x) = 0$ を解け.
>
> (2) $f''(x) = 0$ を解け.
>
> (3) 凹凸まで込めた $y = f(x)$ の増減表を書け.
>
> (4) $y = f(x)$ の極値を求めよ.
>
> (5) $y = f(x)$ の変曲点を求めよ.
>
> (6) $y = f(x)$ のグラフを描け.

解　(1) $f'(x) = 3x^2 - 12x + 9 = 3(x^2 - 4x + 3) = 3(x-1)(x-3)$ より $f'(x) = 0$ ならば $x = 1, 3$.

(2) $f''(x) = 6x - 12 = 6(x - 2)$ より，$f''(x) = 0$ ならば $x = 2$.

(3) 増減表は次のようになる.

x	$\cdots$	1	$\cdots$	2	$\cdots$	3	$\cdots$
y'	$+$	0	$-$	$-$	$-$	0	$+$
y''	$-$	$-$	$-$	0	$+$	$+$	$+$
y	$\curvearrowright$	5	$\searrow$	3	$\searrow$	1	$\nearrow$

(4) 増減表より，$x = 1$ のとき極大値 5，$x = 3$ のとき極小値 1 をとる.

(5) 増減表より変曲点は $(2, 3)$ である.

(6) グラフは図 3.3 のようになる.　　　　　　　　　　　□

- (3) のように，x の変化に従って y', y'' の符号，y の増減・値を書き込んだ表を**増減表**という.
- グラフが y 軸を切る点の座標を書き込むことを忘れないようにする.
- 極値，変曲点の用語の意味を確認しておこう.

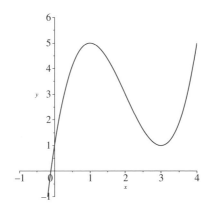

図 3.3　$y = x^3 - 6x^2 + 9x + 1$ のグラフ

定義 3.9（極値・変曲点）　(1) $x \neq a$ かつ $x = a$ の近くで $f(a) > f(x)$ となるとき，$f(x)$ は $x = a$ で**極大値** $f(a)$ をとるという．

(2) $x \neq a$ かつ $x = a$ の近くで $f(a) < f(x)$ となるとき，$f(x)$ は $x = a$ で**極小値** $f(a)$ をとるという．

(3) 極大値と極小値をまとめて**極値**という．

(4) 凹凸が変わる点を**変曲点**という．

3.4.2　増減表には現れない情報も考慮してグラフを描く

例題 3.10　$f(x) = \dfrac{x}{x^2 + 1}$ について次の問いに答えよ．

(1) $f'(x) = 0$ を解け．

(2) $f''(x) = 0$ を解け．

(3) 凹凸まで込めた $y = f(x)$ の増減表を書け．

(4) $y = f(x)$ の極値を求めよ．

(5) $y = f(x)$ の変曲点を求めよ．

(6) $y = f(x)$ のグラフを描け．

解　(1) $f'(x) = \dfrac{x^2 + 1 - x \cdot 2x}{(x^2 + 1)^2} = \dfrac{1 - x^2}{(x^2 + 1)^2}$.　$\therefore f'(x) = 0 \Longrightarrow x = \pm 1$.

(2) $f''(x) = \dfrac{-2x(x^2 + 1)^2 - (1 - x^2) \cdot 2(x^2 + 1) \cdot 2x}{(x^2 + 1)^4} = \dfrac{2x(x^2 - 3)}{(x^2 + 1)^3}$.

$$\therefore f''(x) = 0 \Longrightarrow x = 0, \pm\sqrt{3}.$$

(3) これより増減表は次のようになる．

x	$\cdots$	$-\sqrt{3}$	$\cdots$	-1	$\cdots$	0	$\cdots$	1	$\cdots$	$\sqrt{3}$	$\cdots$
y'	$-$	$-$	$-$	0	$+$	$+$	$+$	0	$-$	$-$	$-$
y''	$-$	0	$+$	$+$	$+$	0	$-$	$-$	$-$	0	$+$
y	$\searrow$	$-\dfrac{\sqrt{3}}{4}$	$\searrow$	$-\dfrac{1}{2}$	$\nearrow$	0	$\nearrow$	$\dfrac{1}{2}$	$\searrow$	$\dfrac{\sqrt{3}}{4}$	$\searrow$

(4) $x = -1$ のとき極小値 $-\dfrac{1}{2}$ をとり, $x = 1$ のとき極大値 $\dfrac{1}{2}$ をとる.

(5) 変曲点は $(0,0), \left(-\sqrt{3}, -\dfrac{\sqrt{3}}{4}\right), \left(\sqrt{3}, \dfrac{\sqrt{3}}{4}\right)$ である.

(6) グラフは次のようになる. □

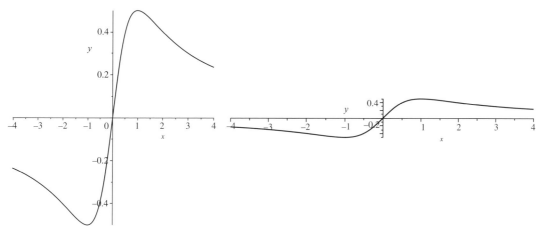

図 3.4 $y = \dfrac{x}{x^2 + 1}$ のグラフ

- グラフは原点に関して対称であること, $x \to \pm\infty$ のとき $y \to 0$, $x > 0$ で $y > 0$, $x < 0$ で $y < 0$ となっていることは, 増減表からは分からないことなので, 関数の形をよく見てグラフの形に反映させることが大切である.

- パソコンにグラフを描かせても, x, y のスケーリングの違いでグラフの印象は変わってしまうので, グラフの何が見たいのかは常に意識しておく必要があろう.

3.4.3 $f'(a) = 0$ となるすべての $x = a$ で極値をとる訳ではない

> **例題 3.11** $f(x) = 4x^3 - 3x^4$ の極値を求めよ.

解 まず $f'(x) = 0$ を満たす $x = a$ を求める.

$$f'(x) = 12x^2 - 12x^3 = 12x^2(1 - x), \quad \therefore f'(x) = 0 \Longrightarrow a = 0, 1$$

である. この中で $x = a$ の前後で $f'(x)$ の符号が変わるのは $a = 1$ のみである. さらにその符号の変化は, 正から負であるから, $x = 1$ のとき極大値 $f(1) = 1$ をとる ($x = 0$ では極値をとらない).

□

- $f'(a) = 0$ となっても $x = a$ で極値をとるとは限らないことに注意しよう.
- これはグラフをちゃんと描いてみれば分かることである. 実際, 凹凸まで込めてグラフを描いてみる.

$$f''(x) = 24x - 36x^2 = 12x(2 - 3x). \quad \therefore f''(x) = 0 \Longrightarrow x = 0, \frac{2}{3}.$$

これより増減表は次のようになる.

x	$\cdots$	0	$\cdots$	$\dfrac{2}{3}$	$\cdots$	1	$\cdots$
$f'(x)$	$+$	0	$+$	$+$	$+$	0	$-$
$f''(x)$	$-$	0	$+$	0	$-$	$-$	$-$
$f(x)$	$\nearrow$	0	$\nearrow$	$\dfrac{16}{27}$	$\nearrow$	1	$\searrow$

変曲点は $(0,0), \left(\dfrac{2}{3}, \dfrac{16}{27}\right)$ でグラフは図 3.5 のようになる. $x = 0$ のどんな小さな範囲に絞っても, $x = 0$ で最大にも最小にもなっていないことが分かる.

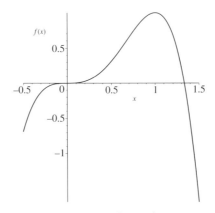

図 3.5 $f(x) = 4x^3 - 3x^4$ のグラフ

演習問題

3.1 $a, h \, (h \neq 0)$ は定数とする. $f(x) = x^2 - 3x$ に対して $f(a + h) - f(a) = f'(a + \theta h)h$ を満たす θ を求めよ.

3.2 a, h は定数で $h \neq 0$ とする. $f(x) = 3x^2 - 5x + 1$ に対して,

$$f(a + h) - f(a) = f'(a + \theta h)h$$

を満たす θ を求めよ.

3.3 $h > 0$ は定数とする. $f(x) = \sqrt{2x + 1}$ に対して
(1) $f(a + h) - f(a) = f'(a + \theta h)h$ を満たす θ を求めよ $(0 < \theta < 1)$.
(2) $\displaystyle \lim_{h \to +0} \theta$ を求めよ.

3.4　$a > 0, h > 0$ は定数とする．$f(x) = x^3$ に対して

(1) $f(a+h) - f(a) = f'(a+\theta h)h$ を満たす θ を求めよ $(0 < \theta < 1)$．

(2) $\displaystyle \lim_{h \to +0} \theta$ を求めよ．

3.5　$y = x^3 - 3x^2 + 3$ のグラフを凹凸を込めて描きたい．次の問いに答えよ．

(1) 増減表を書け．

(2) グラフを描き，極値および変曲点を求めよ．

3.6　$y = -\dfrac{1}{2}x^3 + 6x - 8$ について次の問いに答えよ．

(1) 増減表を書け (y'' の符号も書き入れること)．

(2) グラフを描け．

(3) 極値を求めよ．

(4) 変曲点を求めよ．

3.7　次の関数に対して，凹凸も込めたグラフを描き，極値，変曲点も求めよ．

(1) $y = x^3 - 3x + 2$　　(2) $y = x^4 - 2x^2 + 3$　　(3) $y = \dfrac{1}{x^2+1}$　　(4) $y = \dfrac{x^2}{x^2+1}$

3.8　$a < x < b$ で 2 回微分できる関数 $f(x)$ がこの範囲で $f''(x) > 0$ となっているとする．$a < c < d < b$ を満たすように c, d をとる．このとき 2 点 $\mathrm{C}(c, f(c)), \mathrm{D}(d, f(d))$ を結ぶ線分 CD は，C, D を除き，常に $y = f(x)$ グラフの上側にあることを示せ．

第4章

瞬間の変化率を計算する

導関数 $f'(x)$ の値は，接線の傾きを表している．また $\dfrac{dy}{dx}$ という表現が示すように，瞬間の変化率も表している．よって微分すれば運動する物体の速度，加速度が分かる．このような身近な例を通して，微分した式の表す意味を理解する練習をしよう．

4.1 直線上の運動

4.1.1 速度は位置を時間で微分したもの，加速度は速度を時間で微分したもの

時速 60km とは 1 時間で 60km 移動することなので，速度とは位置の変化の割合を表す．そこで，時間に関する変化率を求めたいときには時間で微分すれば良いと覚えておく．

例題 4.1 数直線上を運動する点 P の時刻 t における位置が $x(t) = \dfrac{1}{2}t^3 - 4t^2 + 8t$ であるとする．このとき次の問いに答えよ．

(1) 時刻 t における P の速度を求めよ．

(2) 時刻 t における P の加速度を求めよ．

(3) P が向きを変える時刻を求めよ．

(4) P は $t = 0$ で原点を出発するが，再び原点に戻ってくるまでに動いた距離を求めよ．

解 (1) 速度 $v(t)$ は位置を時間で微分したものなので

$$v(t) = \frac{dx(t)}{dt} = \left(\frac{1}{2}t^3 - 4t^2 + 8t\right)' = \frac{3}{2}t^2 - 8t + 8.$$

(2) 加速度 $\alpha(t)$ は速度を時間で微分したものなので

$$\alpha(t) = \frac{dv(t)}{dt} = \left(\frac{3}{2}t^2 - 8t + 8\right)' = 3t - 8.$$

(3) 向きを変える瞬間は速度が 0 になるから，$v(t) = 0$ を解くと

$$\frac{3}{2}t^2 - 8t + 8 = 0. \quad \therefore 3t^2 - 16t + 16 = 0. \quad \therefore (3t - 4)(t - 4) = 0.$$

よって $t = \dfrac{4}{3}, 4$. $v(t) = \dfrac{3}{2}\left(t - \dfrac{4}{3}\right)(t - 4)$ であるから，$t = \dfrac{4}{3}, 4$ の前後で $v(t)$ の符号，即ち速度の向きを変える．

(4) 原点に戻る時刻は $x(t) = 0$ を解くことで求められる．

$$\frac{1}{2}t^3 - 4t^2 + 8t = 0. \quad \therefore t(t^2 - 8t + 16) = 0. \quad \therefore t(t-4)^2 = 0.$$

よって $t = 0, 4$ である．$v(0) = 8 > 0$ であるから，$0 \leqq t < \dfrac{4}{3}$ までは右に進み，$t = \dfrac{4}{3}$ で向きを変え，$\dfrac{4}{3} < t < 4$ では左に進んで $t = 4$ で原点に戻ることが分かる．よってこの間に動いた距離は

$$2 \times x\left(\frac{4}{3}\right) = 2 \times \left\{\frac{1}{2}\left(\frac{4}{3}\right)^3 - 4\left(\frac{4}{3}\right)^2 + 8 \cdot \frac{4}{3}\right\} = \frac{256}{27}. \qquad \square$$

4.1.2 速さを積分して距離を計算してみよう

例題 4.1 の (4) は，積分を用いて求めることもできる．速さとは速度の大きさなので，$|v(t)|$ を時間で積分すれば良い．よって

$$\int_0^4 |v(t)| dt$$

を計算する．しかし $x(0) = x(4) = 0$ なので，

$$\int_0^4 |v(t)| dt = \int_0^4 |x'(t)| dt = \int_0^{\frac{4}{3}} x'(t) dt - \int_{\frac{4}{3}}^4 x'(t) dt$$

$$= [x(t)]_0^{\frac{4}{3}} - [x(t)]_{\frac{4}{3}}^4 = 2x\left(\frac{4}{3}\right) - x(0) - x(4) = 2 \cdot x\left(\frac{4}{3}\right)$$

と分かるから，結局は元の解と同じことをしている．

4.1.3 積の微分公式・合成関数の微分公式を利用して速度・加速度を計算する

> **例題 4.2** 直線上を動く点の時刻 t のときの位置を x，速度を v，加速度を α とする．定数 $a(\neq 0), b$ があって
> $$x^2 = at + b$$
> の関係が成り立つとき，加速度は速度の 3 乗に比例することを示せ．

解

$$x^2 = at + b$$

の両辺を，時間 t で微分する．合成関数の微分公式と $\dfrac{dx}{dt} = x' = v$ より

$$\frac{d(x^2)}{dt} = \frac{d(x^2)}{dx} \cdot \frac{dx}{dt} = 2xv, \quad (at+b)' = a. \quad \therefore 2xv = a.$$

さらに時間で微分する．積の微分公式と $\dfrac{dv}{dt} = v' = \alpha$ だから，

$$(2xv)' = 2(xv)' = 2(x'v + xv') = 2(v^2 + x\alpha) = 2v^2 + 2x\alpha. \quad (a)' = 0. \quad \therefore 2v^2 + 2x\alpha = 0.$$

上式の両辺に v をかけて $2xv = a$ を用いると,

$$0 = 2v^3 + (2xv)\alpha = 2v^3 + a\alpha. \quad \therefore \alpha = -\frac{2}{a}v^3.$$ □

4.1.4　x を t の式で表して，速度と加速度を計算してみよう

$x^2 = at + b$ より, $x = \pm(at+b)^{\frac{1}{2}}$ と表すことができる. 微分公式 $(y^\alpha)' = \alpha y^{\alpha-1}y'$ を用いて

$$v = x' = \pm\frac{1}{2}(at+b)^{-\frac{1}{2}}a = \pm\frac{a}{2}(at+b)^{-\frac{1}{2}},$$

$$\alpha = \pm\frac{a}{2}\left(-\frac{1}{2}\right)(at+b)^{-\frac{3}{2}}a = \mp\frac{a^2}{4}(at+b)^{-\frac{3}{2}}$$

となる. 第 2 式より $(at+b)^{-\frac{1}{2}} = \pm\frac{2}{a}v$ であるから, 第 2 式に代入して

$$\alpha = \mp\frac{a^2}{4}\cdot\left(\pm\frac{2}{a}v\right)^3 = -\frac{a^2}{4}\cdot\frac{8}{a^3}\cdot v^3 = -\frac{2}{a}v^3$$

を得ることができる. しかし, いつも x が t の式で簡単に表されるとは限らないので, このやり方はお勧めできない.

4.2　瞬間の変化率

4.2.1　「面積 S が毎秒 $a\,(\mathrm{m}^2)$ で増加」を式で表すと $\dfrac{dS}{dt} = a$

例題 4.3　円の面積が毎秒 $a\,(\mathrm{m}^2)$ の割合で増加しているとき, 半径が $b\,(\mathrm{m})$ となった瞬間の半径の増加速度を求めよ.

解　時刻 t のときの円の半径と面積をそれぞれ r, S とする.

$$S = \pi r^2$$

から, 両辺を t で微分して

$$\frac{dS}{dt} = \frac{d(\pi r^2)}{dt} = \pi\frac{d(r^2)}{dr}\frac{dr}{dt} = 2\pi r\frac{dr}{dt}. \quad \therefore \frac{dS}{dt} = 2\pi r\frac{dr}{dt}.$$

仮定より $\dfrac{dS}{dt} = a$ だから, $r = b$ のとき

$$a = 2\pi b\frac{dr}{dt}. \quad \therefore \frac{dr}{dt} = \frac{a}{2\pi b}.$$ □

4.2.2　「毎秒 $a\,(\mathrm{m}^2)$ で増加」は瞬間の変化率を表す

「毎秒 $a\,(\mathrm{m}^2)$ で増加」は, 1 秒ごとに $a\,(\mathrm{m}^2)$ ずつ増えるのは分かるが, 0.1 秒の間ではどう増えるか分からないのではないかという質問を受けたことがある. これは瞬間の変化率を, $\sec(秒)$, m^2 の単位で表示しただけと理解すべきものである. 例えば, 「スピード違反で時速 30km オーバーです」といわれたとき「私まだ 10 分しか走っていませんけど」といって警官は許してくれるかどうか考えてみれば良い.

4.2.3 合成関数の微分公式の使い方を確認する

例題 4.4 半径 $10\,\mathrm{cm}$，深さ $20\,\mathrm{cm}$ の円錐状の空の濾過器に，毎分 $50\,\mathrm{cm}^3$ の割合で水を入れる．この濾過器は毎分 $30\,\mathrm{cm}^3$ ずつ濾過して，最低部より放出する機能をもつとする．また濾過器内の水面は，常に水平になっているとする．時刻 t における濾過器内の水の体積を V，水の深さを h とする．このとき

(1) V の変化の割合は毎分何 cm^3 か.

(2) V を h の式で表せ.

(3) $h = 10\,\mathrm{cm}$ となった瞬間の水面の上昇速度 $\dfrac{dh}{dt}$ を求めよ.

解 (1) $50 - 30 = 20\ (\mathrm{cm}^3/\mathrm{min})$.

(2) 深さ h のとき，水面の円の半径は $\dfrac{h}{2}$ であるから，

$$V = \pi \left(\frac{h}{2}\right)^2 \cdot h \cdot \frac{1}{3} = \frac{\pi}{12}h^3.$$

(3) $\dfrac{dV}{dt} = 20$ より，

$$20 = \frac{dV}{dt} = \frac{\pi}{12}\frac{dh^3}{dt} = \frac{\pi}{12}\frac{dh^3}{dh}\frac{dh}{dt} = \frac{\pi}{12}\cdot 3h^2\frac{dh}{dt} = \frac{\pi h^2}{4}\frac{dh}{dt}. \quad \therefore \frac{dh}{dt} = \frac{80}{\pi h^2}.$$

よって $h = 10$ のとき，

$$\frac{dh}{dt} = \frac{80}{100\pi} = \frac{4}{5\pi}. \qquad \square$$

4.2.4 積の微分公式の使い方を確認する

例題 4.5 断面が直径 $5\,\mathrm{mm}$ の円で，長さが $100\,\mathrm{mm}$ の円柱形の金属棒がある．これを毎分 $1\,\mathrm{mm}$ の割合で引き伸ばすとき，10 分後における直径の減少速度を求めよ．ただし棒は一様に伸び，体積は不変とする．

解 円柱の直径を l，高さを h とすると，体積 V は

$$V = \pi\left(\frac{l}{2}\right)^2 h = \frac{\pi}{4}l^2 h$$

である．上式の両辺を t で微分する．V は一定より，$\dfrac{dV}{dt} = 0$ に注意して，積の微分公式 $(fg)' = f'g + fg'$ と $(y^\alpha)' = \alpha y^{\alpha-1}y'$ を用いると

$$0 = \frac{dV}{dt} = \frac{\pi}{4}\left(2l\frac{dl}{dt}\cdot h + l^2\cdot\frac{dh}{dt}\right). \quad \therefore 2h\frac{dl}{dt} + l\frac{dh}{dt} = 0$$

が分かる．10 分後では $h = 110$ なので，V は一定ということから，

$$\frac{\pi}{4}l^2\cdot 110 = \frac{\pi}{4}5^2\cdot 10^2. \quad \therefore l = \frac{5\cdot 10}{\sqrt{110}}$$

が得られる. よってこのとき $\dfrac{dh}{dt} = 1$ なので

$$\frac{dl}{dt} = -\frac{l}{2h}\frac{dh}{dt} = -\frac{5\cdot 10}{\sqrt{110}\cdot 2\cdot 110} = \frac{-5}{22\sqrt{110}}. \qquad \square$$

4.3 運動方程式

次は物理の運動量保存則であるが, 数学の問題としては, ある関数 $f(t)$ がすべての t で微分して 0 となっていれば $f(t)$ は定数ということである (積分している).

4.3.1 運動方程式を立ててみよう

> **例題 4.6** なめらか (摩擦がない) な床の上に長さ $2L$, 質量 M の物体があり, その上に質量 m の人が乗っているとする. 時刻 $t = 0$ で人が静かに歩き始めて, 時刻 $t = T$ で物体の端に到達したとすると, この人と物体は実際にはどれくらい移動したか.

- 床に静止した状態の物体の重心 (質量中心) を原点にとった座標系を入れて考える.
- 時刻 t での人の位置と物体の重心の位置を, それぞれ $x(t), X(t)$ とする.
- 「質量 × 加速度 = 力」の関係式が成り立ち, これを運動方程式という. 式で表せば

$$mx''(t) = -F, \quad MX''(t) = F$$

  となる.
- 時刻 $t = 0$ における位置と速度 (初期条件という) を決めると以後の運動の状態が決定される. 初期条件を式で表すと

$$x(0) = -L, \quad x'(0) = 0, \quad X(0) = X'(0) = 0$$

  となる.
- この条件下で $x(T), X(T)$ を求めよ, という問題となる.
- ただし, 力 F は時刻 t で人が物体を押す力 (の水平方向の成分) であり, $-F$ は物体から人が押し返される力である. 作用反作用の法則といわれている.

解 上の記号をそのまま用いる.

$$\frac{d}{dt}\left(mx'(t) + MX'(t)\right) = mx''(t) + MX''(t) = -F + F = 0$$

がすべての t で成り立つので

$$mx'(t) + MX'(t) = C \quad (\text{定数})$$

が分かる. C を決める. $x'(0) = X'(0) = 0$ から $C = 0$. よって, すべての t について

$$mx'(t) + MX'(t) = 0$$

が成り立つ．再び

$$\frac{d}{dt}\left(mx(t) + MX(t)\right) = mx'(t) + MX'(t) = 0$$

から，

$$mx(t) + MX(t) = C$$

で，$x(0) = -L, X(0) = 0$ から

$$C = -mL. \quad \therefore \ mx(t) + MX(t) = -mL.$$

特に $t = T$ として

$$mx(T) + MX(T) = -mL$$

が成り立つ．一方，$x(T) - X(T) = L$ なので，連立方程式

$$\begin{cases} mx(T) + MX(T) = -mL \\ x(T) - X(T) = L \end{cases}$$

を解けば

$$x(T) = \frac{M - m}{M + m}L, \quad X(T) = \frac{-2m}{M + m}L.$$

よって，それぞれの実際の移動距離は

$$x(T) - x(0) = \frac{2M}{M + m}L, \quad X(T) - X(0) = \frac{-2m}{M + m}L. \qquad \Box$$

- 移動距離の正負は床に入れた座標系から見て，人は右に，物体は左にずれたことを表す．

演習問題

4.1　数直線上を運動する点 P の時刻 t における位置が $x(t) = -t^3 + 12t$ であるとする．このとき
(1) P が向きを変える時刻 $T(> 0)$ を求めよ．
(2) P は $t = 0$ で原点を出発するが，再び原点に戻ってくるまでに動いた距離を求めよ．

4.2　球の体積が毎秒 $a\,(\mathrm{m}^3)$ の割合で増加しているとき，半径が $b\,(\mathrm{m})$ となった瞬間の表面積と半径の増加速度を求めよ．

4.3　水平な水面上 10 m の高さの垂直な面の崖の上から舟までの距離が，50 m であるとする．綱を舟に結びつけ，これを毎秒 1 m の速さで手繰るとき，引き始めてから 10 秒後の舟の速さはいくらか．

4.4　鉛直な壁に立てかけられた長さ 5 m の真っ直ぐな棒の下端が，水平な床の上を毎秒 40 cm の速さで壁から遠ざかりつつあるとする．下端の壁からの距離が 3 m となった瞬間の棒の上端の速さを求めよ．

4.5　時刻 $t=0$ で物体を地表面から速度 $v>0$ で投げ上げたとき，時刻 t での物体の地上からの位置 x は，$x=x(t)=\dfrac{-1}{2}gt^2+vt$ で与えられる．このとき

(1) 物体が最高点に達するときの時刻を求めよ．

(2) 物体が到達する最高点の高さを求めよ．

4.6　直線上を動く点の時刻 t のときの位置を x，速度を v，加速度を α とする．定数 a,b があって

$$v^2=ax+b,\quad v\neq 0$$

の関係が成り立つとき，加速度を求めよ．

4.7　直線上を動く点の時刻 t での位置を x，速度を v，加速度を α とする．定数 a,b があって

$$v^2=\frac{a}{x}+b,\quad v\neq 0$$

の関係が成り立つとき，加速度は位置の 2 乗に反比例することを示せ．

4.8　$m>0,k>0$ を定数とする．質量 m の物体が直線上を運動しており，その時刻 t での位置を $x(t)$ とする．今この物体が運動方程式

$$mx''(t)=-kx(t)$$

に従って運動をしているとする．$E=\dfrac{1}{2}mx'(0)^2+\dfrac{1}{2}kx(0)^2$ とおく．このとき

(1) $\dfrac{d}{dt}\left(\dfrac{1}{2}mx'(t)^2+\dfrac{1}{2}kx(t)^2\right)=0$ を示せ．

(2) すべての t に対して，$\dfrac{1}{2}mx'(t)^2+\dfrac{1}{2}kx(t)^2=E$ が成り立つことを示せ．

(3) すべての t に対して，$|x(t)|\leqq\sqrt{\dfrac{2E}{k}}$ が成り立つことを示せ．

第5章

自然対数の底 e を底とする指数関数と対数関数の微分公式を導く

2^x や 10^x は指数関数と呼ばれる. 一般に a^x を, 底を a とする指数関数という. 微積分の計算では底を $e = 2.718\ldots$（自然対数の底）とした指数関数 e^x が主に用いられる. 微分の公式が $(e^x)' = e^x$ となり, 計算に便利だからである. その逆関数は自然対数と呼ばれる.

5.1 自然対数の底 e を底とする指数関数

5.1.1 $x = 1$ における接線の傾きが 1 となるように e を決める

> **定義 5.1（e の定義）** 指数関数 $y = a^x\,(a > 1)$ において, $x = 0$ での接線の傾きが 1 となる a を**自然対数の底**といい, e と表す.

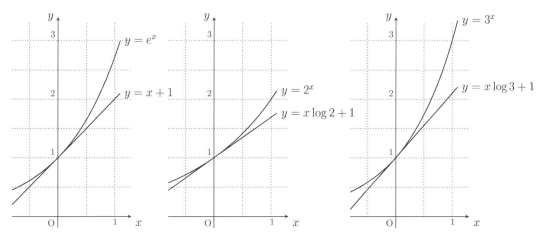

図 5.1 $y = e^x, y = 2^x, y = 3^x$ のグラフと $x = 0$ における接線

図 5.1 は, $y = e^x, y = 2^x, y = 3^x$ のグラフと $x = 0$ における接線を描いている. $2 < e < 3$ になることは分かるであろう.

5.1.2 e^x の導関数を求める

> **定理 5.2**　すべての実数 x に対して,
>
> $$(e^x)' = e^x$$
>
> が成り立つ.

証明　導関数の定義は, $h \to 0$ のとき

$$f(x+h) = f(x) + f'(x)h + (h^2\text{以上}), \quad f(h) = f(0) + f'(0)h + (h^2\text{以上})$$

であった. $f(x) = e^x$ において, $x = 0$ での接線の傾きが $1 = f'(0)$ より,

$$e^h = 1 + h + (h^2\text{以上})$$

が成り立つ. 両辺に e^x をかけると

$$e^{x+h} = e^x + e^x h + (h^2\text{以上})$$

となる. これは $(e^x)' = e^x$ を意味する. □

- 自然対数の底 e の値は極限
$$e = \lim_{n \to \infty} \left(1 + \frac{1}{n}\right)^n$$
で計算できることが分かっているが, この極限の存在を示すことは面倒である.
- e の存在を認めても, 指数関数 e^x を定義するのも難しい. 例えば $e^{\sqrt{2}}$ を考えたとき, $\sqrt{2}$ 乗するとはどういうことだろうか.
- 微分積分で大事なことは, e の存在ではなく, すべての実数 x に対して微分方程式 $f'(x) = f(x)$ と指数法則 $f(x+y) = f(x)f(y)$ を満たす関数があれば良いことが分かってきた.

5.2 指数関数を冪（巾）級数（べききゅうすう）で定義する

> **定義 5.3 (e^x の定義)**　すべての実数 x に対して, 指数関数 e^x を次の式で定義する.
>
> $$e^x = \sum_{n=0}^{\infty} \frac{x^n}{n!}$$
> $$= 1 + x + \frac{x^2}{2} + \frac{x^3}{3!} + \frac{x^4}{4!} + \frac{x^5}{5!} + \cdots + \frac{x^n}{n!} + \frac{x^{n+1}}{(n+1)!} + \cdots$$

- e^x は無限個の和で定義されている. **この和が存在し（「収束する」という）, 項別に微分できることは認める.** e^x を $\exp(x)$ と表す場合も多い.
- e を初めに定義するやり方では, この定義は「e^x のテイラー展開」という定理になる.

5.2.1 無限和で定義された指数関数を微分する

> **定理 5.4（微分方程式の解の存在）** $f(x) = \displaystyle\sum_{n=0}^{\infty} \dfrac{x^n}{n!}$ は，$f(0) = 1$ であり，微分方程式：
> $f'(x) = f(x)$ を満たす.

証明　$f(0) = 1$ は明らか.

$$(1)' = 0, \quad (x)' = 1, \quad \left(\frac{x^2}{2}\right)' = x, \quad \left(\frac{x^3}{3!}\right)' = \left(\frac{x^3}{3 \cdot 2 \cdot 1}\right)' = \frac{3 \cdot x^2}{3 \cdot 2 \cdot 1} = \frac{x^2}{2!},$$

$$\left(\frac{x^4}{4!}\right)' = \left(\frac{x^4}{4 \cdot 3 \cdot 2 \cdot 1}\right)' = \frac{4 \cdot x^3}{4 \cdot 3 \cdot 2 \cdot 1} = \frac{x^3}{3 \cdot 2 \cdot 1} = \frac{x^3}{3!}.$$

一般には公式：$\left(\dfrac{x^n}{n!}\right)' = \dfrac{x^{n-1}}{(n-1)!}$ に注意して項別に微分すれば

$$f'(x) = (1)' + (x)' + \left(\frac{x^2}{2}\right)' + \left(\frac{x^3}{3!}\right)' + \left(\frac{x^4}{4!}\right)' + \left(\frac{x^5}{5!}\right)' + \cdots + \left(\frac{x^n}{n!}\right)' + \cdots$$

$$= 0 + 1 + x + \frac{x^2}{2} + \frac{x^3}{3!} + \frac{x^4}{4!} + \cdots + \frac{x^{n-1}}{(n-1)!} + \cdots = f(x). \qquad \square$$

5.2.2 微分方程式と初期条件から $f(x)f(-x) = 1$ が分かる

> **例題 5.5**　$f(x)$ は $\mathbb{R}$ 全体で定義された微分可能な関数で，$f(0) = 1, f'(x) = f(x)$ を満たす
> とする. このとき $f(x)f(-x) = 1$ がすべての x に対して成り立つ.

証明　$F(x) = f(x)f(-x)$ とおく. 積の微分公式と $\{f(-x)\}' = -f'(-x) = -f(-x)$ に注意して

$$F'(x) = \{f(x)\}'f(-x) + f(x)\{f(-x)\}' = f'(x)f(-x) - f(x)f'(-x)$$
$$= f(x)f(-x) - f(x)f(-x) = 0$$

がすべての x について成り立つ. よって $F(x)$ は定数で

$$f(x)f(-x) = F(x) = F(0) = f(0)f(0) = 1. \qquad \square$$

5.2.3 微分方程式と初期条件から指数法則 $f(x+y) = f(x)f(y)$ を導く

> **定理 5.6（指数法則）**　$f(x)$ は $\mathbb{R}$ 全体で定義された微分可能な関数で，$f(0) = 1, f'(x) = f(x)$
> を満たすとする. このとき $f(x+y) = f(x)f(y)$ がすべての x, y に対して成り立つ.

証明　$y \in \mathbb{R}$ を任意にとり，固定する. x の関数

$$F(x) = f(x+y)f(-x)f(-y)$$

を考える.

$$F'(x) = \{f(x+y)\}'f(-x)f(-y) + f(x+y)\{f(-x)\}'f(-y)$$
$$= f'(x+y)f(-x)f(-y) - f(x+y)f'(-x)f(-y)$$
$$= f(x+y)f(-x)f(-y) - f(x+y)f(-x)f(-y) = 0.$$

これより $F(x)$ は定数であり, $F(0) = f(y)f(-y) = 1$ から,

$$f(x+y)f(-x)f(-y) = F(x) = F(0) = f(y)f(-y) = 1$$

が成り立つ. 再び $f(x)f(-x) = f(y)f(-y) = 1$ に注意して,

$$f(x+y) = f(x)f(y). \qquad \square$$

5.2.4 微分方程式と初期条件を満たす関数は唯 1 つしかない

> **定理 5.7 (微分方程式の解の一意性)**　$\mathbb{R}$ 全体で定義された微分可能な関数の中で, $f(0) = 1, f'(x) = f(x)$ を満たすものは唯 1 つに限る.

証明　$f(x), g(x)$ は, 条件を満たす関数とする. $F(x) = g(x)f(-x)$ とおく.

$$F'(x) = \{g(x)\}'f(-x) + g(x)\{f(-x)\}' = g'(x)f(-x) - g(x)f'(-x)$$
$$= g(x)f(-x) - g(x)f(-x) = 0$$

がすべての x について成り立つ. よって $F(x)$ は定数で

$$g(x)f(-x) = F(x) = F(0) = g(0)f(0) = 1.$$

$f(x)f(-x) = 1$ であるから, $g(x) = f(x)$ がいえる. $\qquad \square$

　指数関数をどう定義しようとも, $f'(x) = f(x), f(0) = 1$ となるものが唯 1 つしかないので, すべて同じ $f(x) = e^x$ になる. このとき自然対数の底 e は

$$e = e^1 = f(1) = \sum_{n=0}^{\infty} \frac{1}{n!} = 1 + 1 + \frac{1}{2} + \frac{1}{3!} + \cdots$$

で定義されることになる. $\underline{e > 2}$ は明らか.

n	$\left(1 + \dfrac{1}{n}\right)^n$	n	$\displaystyle\sum_{k=0}^{n} \frac{1}{k!}$
10	2.593742460100002	1	2
100	2.704813829421528	3	2.6666666666666666667
1000	2.716923932235594	5	2.7166666666666666667
10000	2.718145926824925	10	2.7182818011463844797
100000	2.718268237192297	20	2.7182818011463844797
1000000	2.718280469095753	50	2.7182818284590452354
10000000	2.718281694132082	100	2.7182818284590452354

5.3 指数関数を含む関数を微分する

5.3.1 便利な公式

$(e^x)' = e^x$ の他に，次も公式としておくと計算に便利である．

例題 5.8 微分できる関数 $f(x)$ に対して，

$$(e^{f(x)})' = e^{f(x)} \times f'(x)$$

が成り立つことを示せ．特に $f(x) = kx$（k は定数）にとれば

$$(e^{kx})' = ke^{kx}$$

である．

証明 $y = e^{f(x)}, u = f(x)$ とおくと，$y = e^u$ である．よって合成関数の微分公式を用いて

$$(e^{f(x)})' = \frac{dy}{dx} = \frac{dy}{du}\frac{du}{dx} = e^u \times f'(x) = e^{f(x)} \times f'(x). \qquad \square$$

5.3.2 上の公式と積の微分公式を使う

例題 5.9 次の関数を微分せよ．

$$(1)\, e^{2x} \qquad (2)\, e^{-3x+1} \qquad (3)\, e^{x^2} \qquad (4)\, xe^{x^2}$$

解 上の公式を用いる．

(1) $(e^{2x})' = 2e^{2x}$.

(2) $(e^{-3x+1})' = e^{-3x+1} \times (-3x+1)' = -3e^{-3x+1}$.

(3) $(e^{x^2})' = e^{x^2} \times (x^2)' = 2xe^{x^2}$.

(4) 積の微分公式：$(fg)' = f'g + fg'$ と (3) から，

$(xe^{x^2})' = (x)'e^{x^2} + x(e^{x^2})' = e^{x^2} + x \cdot 2xe^{x^2} = (1 + 2x^2)e^{x^2}$. $\qquad \square$

5.4 自然対数 $\log x$ を定義する

5.4.1 底が $e = 2.718\ldots$ の対数が自然対数

定義 5.10（自然対数の定義） 指数関数 $x = e^y$ の逆の対応を自然対数関数といい，$y = \log x$ と表す．すなわち

$$y = \log x \Longleftrightarrow x = e^y$$

の関係が成り立つ．よって対数関数は $x > 0$ の範囲で定義され，値 y は全実数をとる．

- $y = \log x$ と表したとき，この対数の底は e である．自然対数の底は普通書かない．
- 一般に a を底とする対数関数 $y = \log_a x$ とは，$x = a^y$ から決まる x と y の関係を意味する．

$x = 2^y \iff y = \log_2 x$	$1 = 2^0 \iff 0 = \log_2 1$
$\dfrac{1}{8} = 2^{-3} \iff -3 = \log_2\left(\dfrac{1}{8}\right)$	$2 = 2^1 \iff 1 = \log_2 2$
$\dfrac{1}{4} = 2^{-2} \iff -2 = \log_2\left(\dfrac{1}{4}\right)$	$4 = 2^2 \iff 2 = \log_2 4$
$\dfrac{1}{2} = 2^{-1} \iff -1 = \log_2\left(\dfrac{1}{2}\right)$	$8 = 2^3 \iff 3 = \log_2 8$

- 物理・工学（電卓）では，自然対数を $\ln x$ と表すことも多い．さらに，電卓等で常用対数 $\log_{10} x$ を $\log x$ と表記していることもあるので注意が必要である．

5.4.2 対数関数の性質と値

対数関数の次の性質と値はよく用いられる．

> **例題 5.11**　次を示せ．$x > 0, y > 0$ とする．
> (1) $\log e = 1,\ \log 1 = 0$　　(2) $\log(xy) = \log x + \log y$　　(3) $\log\left(\dfrac{x}{y}\right) = \log x - \log y$
> (4) $\log x^r = r \log x$　　　　(5) $x = e^{\log x},\ \log(e^y) = y$

証明　(1) $y = \log x \iff x = e^y$ であるから，$e = e^1$ より $1 = \log e$，$1 = e^0$ より $0 = \log 1$ である．

(2) $A = \log x, B = \log y$ とすると $x = e^A, y = e^B$ である．指数法則より $xy = e^A e^B = e^{A+B}$ であるから，$A + B = \log(x + y)$ が分かる．

(3) $A = \log x, B = \log y$ とすると $x = e^A, y = e^B$ である．指数法則より $\dfrac{x}{y} = \dfrac{e^A}{e^B} = e^A e^{-B} = e^{A-B}$ であるから，$AB = \log\left(\dfrac{x}{y}\right)$ が分かる．

(4) $A = \log x$ とすると $x = e^A$ である．指数法則より $x^r = (e^A)^r = e^{rA}$ であるから，$rA = \log x^r$ が分かる．

(5) $y = \log x \iff x = e^y$ であるから，

$$x = e^y = e^{\log x}, \quad y = \log x = \log(e^y)$$

である．　　　　　　　　　　　　　　　　　　　　　　　　　　　　　　　　　　□

5.4.3 指数関数と対数関数のグラフは $y = x$ に関して対称である

$y = \log x \iff x = e^y$ より，「対数関数のグラフ上の点 (x, y) $\iff$ 指数関数のグラフ上の点 (y, x)」となっているため，指数関数 $y = e^x$ と対数関数 $y = \log x$ のグラフは直線 $y = x$ に関して対称である（図 5.2）．

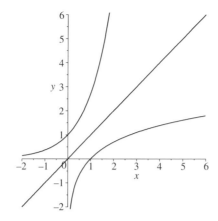

図 5.2 $y = e^x$, $y = \log x$, $y = x$ のグラフ

5.5 対数関数を微分する

5.5.1 $\log x$ の導関数

　微分できるとは，接線が引けるということであった．対数関数 $y = \log x$ と指数関数 $y = e^x$ のグラフの形は同じで，指数関数のグラフはどこでも接線が引けた（微分可能）なので，対数関数も微分できる（ことを式だけで示すのは難しいので認める）．

定理 5.12　$x > 0$ で $\log x$ は微分でき，

$$(\log x)' = \frac{1}{x}$$

が成り立つ．

証明　$e^{\log x} = x$ の両辺を x で微分する．合成関数の微分公式：$\{g(f(x))\}' = g'(f(x))f'(x)$ を用いると，

$$\left(e^{\log x}\right)' = (x)' \Longrightarrow e^{\log x} \cdot (\log x)' = 1 \Longrightarrow x \cdot (\log x)' = 1. \quad \therefore (\log x)' = \frac{1}{x}$$

が得られる． $\square$

5.5.2 便利な公式

　計算に便利な公式を追加しておく．

例題 5.13　次を示せ．
(1) $x \neq 0$ のとき，$(\log |x|)' = \dfrac{1}{x}$
(2) $f(x) \neq 0$ のとき，$(\log |f(x)|)' = \dfrac{f'(x)}{f(x)}$

証明　(1) $y = \log|x|$ とおく.

(i) $x > 0$ の場合. このとき $|x| = x$ なので,

$$(\log|x|)' = (\log x)' = \frac{1}{x}.$$

(ii) $x < 0$ の場合. このとき $y = \log(-x)$ で, $u = -x$ とおくと $u > 0, y = \log u$ となる. よって合成関数の微分公式から

$$(\log|x|)' = (\log(-x))' = \frac{dy}{dx} = \frac{dy}{du}\frac{du}{dx} = \frac{1}{u} \times (-1) = \frac{1}{-x} \times (-1) = \frac{1}{x}.$$

(2) $y = \log|f(x)|, u = f(x)$ とおくと, $y = \log|u|$. よって再び合成関数の微分公式から

$$(\log|f(x)|)' = \frac{dy}{dx} = \frac{dy}{du}\frac{du}{dx} = \frac{1}{u} \times f'(x) = \frac{f'(x)}{f(x)}. \qquad \square$$

5.5.3 公式を使ってみよう

> **例題 5.14**　次の関数を微分せよ. ただし A は定数とする.
>
> $\quad$ (1) $\log|2x + 3|$ $\qquad$ (2) $\log(1 + x^2)$ $\qquad$ (3) $x \log x$ $\qquad$ (4) $\log|x + \sqrt{x^2 + A}|$

解　例題 5.13 の公式と積の微分公式 : $(fg)' = f'g + fg'$ を用いる.

(1) $(\log|2x + 3|)' = \dfrac{(2x + 3)'}{2x + 3} = \dfrac{2}{2x + 3}$.

(2) $(\log(1 + x^2))' = \dfrac{(1 + x^2)'}{1 + x^2} = \dfrac{2x}{1 + x^2}$.

(3) $(x \log x)' = (x)' \log x + x(\log x)' = \log x + x \times \dfrac{1}{x} = \log x + 1$.

(4) 少し面倒である. まず公式 $(\log|f(x)|)' = \dfrac{f'(x)}{f(x)}$ を使う.

$$(\log|x + \sqrt{x^2 + A}|)' = \frac{(x + \sqrt{x^2 + A})'}{x + \sqrt{x^2 + A}} = \frac{1 + (\sqrt{x^2 + A})'}{x + \sqrt{x^2 + A}}. \qquad \cdots\cdots(*)$$

次に

$$(\sqrt{x^2 + A})' = \left((x^2 + A)^{\frac{1}{2}}\right)' = \frac{1}{2}(x^2 + A)^{-\frac{1}{2}} \times (2x) = \frac{x}{\sqrt{x^2 + A}}.$$

だから

$$(*) = \frac{1 + \dfrac{x}{\sqrt{x^2 + A}}}{x + \sqrt{x^2 + A}} = \frac{\left(1 + \dfrac{x}{\sqrt{x^2 + A}}\right)\sqrt{x^2 + A}}{(x + \sqrt{x^2 + A})\sqrt{x^2 + A}}$$

$$= \frac{(\sqrt{x^2 + A} + x)}{(x + \sqrt{x^2 + A})\sqrt{x^2 + A}} = \frac{1}{\sqrt{x^2 + A}}. \qquad \square$$

5.6 a^x の定義と性質

ここまで, 2^x や 10^x を正確な定義をせずに使ってきたので, ここでまとめておこう.

5.6.1 e^x と $\log x$ から a^x を定義する

> **定義 5.15 (a^x の定義)** $a > 0$ とする．すべての実数 x に対して，底を a とする指数関数を
>
> $$a^x = e^{x \log a}$$
>
> で定義する．

- $a = e$ のときは，$e^{x \log e} = e^{x \cdot 1} = e^x$ なので，$e^x = \displaystyle\sum_{n=0}^{\infty} \frac{x^n}{n!}$ で定義した指数関数 e^x と一致する．

- n を自然数とするとき，

$$a^n = e^{n \log a} = \exp(\underbrace{\log a + \log a + \cdots + \log a}_{n \text{ 個}})$$

$$= \underbrace{e^{\log a} \cdot e^{\log a} \cdots e^{\log a}}_{n \text{ 個}} = \underbrace{a \cdot a \cdot a \cdots a}_{n \text{ 個}}$$

となるから，今までの n 乗と一致している．

- $\underline{(e^x)^y = e^{xy}}$ が成り立つ．実際，$\log(e^x) = x$ を用いると，すべての実数 x, y に対して

$$(e^x)^y = e^{y \log(e^x)} = e^{y \cdot x} = e^{xy}$$

となる．

- $\underline{\log(a^x) = x \log a \ (a > 0)}$ が成り立つ．$\log(e^x) = x$ を用いると，任意の実数 x に対して

$$\log(a^x) = \log\left(e^{x \log a}\right) = x \log a$$

となるからである．

5.6.2 すべての実数に対して指数法則が成り立つ

> **例題 5.16** $a, b > 0$，また，x, y は任意の実数とする．このとき次を示せ．
> (1) $a^0 = 1, \quad 1^x = 1$　　(2) $a^x \cdot a^x = a^{x+y}$　　(3) $(a^x)^y = a^{xy}$　　(4) $(ab)^x = a^x \cdot b^x$

証明 指数関数の定義 $a^x = e^{x \log a}$ とすでに示した等式 $\log(a^x) = x \log a$ を用いる．

(1) $a^0 = e^{0 \cdot \log a} = e^0 = 1, \quad 1^x = e^{x \cdot \log 1} = e^0 = 1.$

(2) $a^x \cdot a^y = e^{x \log a} \cdot e^{y \cdot \log a} = e^{(x+y) \log a} = a^{x+y}.$

(3) $(a^x)^y = e^{y \cdot \log(a^x)} = e^{y \cdot x \log a} = e^{(xy) \log a} = a^{xy}.$

(4) $(ab)^x = e^{x \cdot \log(ab)} = e^{x \log a + x \log b} = e^{x \log a} \cdot e^{x \log b} = a^x \cdot b^x.$ $\qquad\qquad\square$

5.6.3 任意の実数 α に対して，x^α を微分する

定理 5.17　α を任意の実数とする．$x > 0$ に対して

$$(x^\alpha)' = \alpha x^{\alpha-1}$$

が成り立つ．

証明　$f(x) = x^\alpha$ とおくと，x^α の定義より，$f(x) = e^{\alpha \log x}$ である．よって公式 : $\left(e^{f(x)}\right)' = e^{f(x)} f'(x)$ を用いて

$$f'(x) = e^{\alpha \log x}(\alpha \log x)' = e^{\alpha \log x} \cdot \alpha \frac{1}{x} = x^\alpha \cdot \alpha \frac{1}{x} = \alpha x^{\alpha-1}. \qquad \square$$

5.6.4 微分の公式を正しく使おう

微分公式の中には紛らわしいものもあるので，次の例題を通して使い方を確認しよう．

例題 5.18　$x > 0$ とする．次の関数を微分せよ．

$$(1)\, x^\pi \qquad (2)\, \pi^\pi \qquad (3)\, \pi^x \qquad (4)\, 10^{3x} \qquad (5)\, x^x$$

解　(1) $(x^\alpha)' = \alpha x^{\alpha-1}$ の公式 $(\alpha = \pi)$ から

$$(x^\pi)' = \pi x^{\pi-1}.$$

(2) $(定数)' = 0$ の公式から

$$(\pi^\pi)' = 0.$$

(3) 定義 : $a^x = e^{\log a^x} = e^{x \log a}$ から，$\pi^x = e^{x \log \pi}$ である．よって公式 : $(e^{kx})' = ke^{kx}$ を用いて

$$(\pi^x)' = (\log \pi)e^{x \log \pi} = \pi^x \log \pi.$$

(4) 定義 : $a^x = e^{\log a^x} = e^{x \log a}$ から，$10^{3x} = e^{3x \log 10} = e^{(3 \log 10)x}$ である．よって公式 : $(e^{kx})' = ke^{kx}$ を用いて

$$(10^{3x})' = (3 \log 10)e^{(3 \log 10)x} = (3 \log 10) \cdot 10^{3x}.$$

(5) 定義 : $a^x = e^{\log a^x} = e^{x \log a}$ から，$x^x = e^{x \log x}$ である．公式 : $(e^{f(x)})' = e^{f(x)} \times f'(x)$ と積の微分公式から

$$(e^{x \log x})' = e^{x \log x} \cdot (x \log x)' = e^{x \log x}\{(x)' \log x + x(\log x)'\}$$
$$= e^{x \log x}\left(1 \times \log x + x \times \frac{1}{x}\right) = e^{x \log x}(\log x + 1).$$

よって

$$(x^x)' = x^x(\log x + 1). \qquad \square$$

5.7 対数グラフ

実験で使われることのある対数グラフについて説明しておこう.

5.7.1 片対数グラフは $y = A \cdot a^x$ のグラフを直線に直す

- 実験のデータをグラフ用紙にプロットしたとき, $y = A \cdot a^x$ の形になりそうだと予想されたとしよう.
- このことを検証するために両辺の対数（普通底 10 の常用対数）をとる.

$$\log_{10} y = \log_{10}(A \cdot a^x) = x \log_{10} a + \log_{10} A$$

となる.

- そこで $Y = \log_{10} y$ とおくと, $y = A \cdot a^x$ は, $Y = x \log_{10} a + \log_{10} A$ と Y と x に関しては直線になる. 逆にいえば, y を対数目盛り Y に変換して Y と x の関係が直線になれば, 元の x と y には $y = A \cdot a^x$ の関係があることが分かる.
- このように 1 つの変数を対数目盛りに変換して描いたグラフを,（元のグラフの）**片対数グラフ**という.
- また片対数グラフを描くために, 縦軸が対数目盛りになっている方眼紙があり, それを**片対数方眼紙**という.
- 実際の方眼紙に振られている目盛りは $Y = \log_{10} y$ ではなく y であり, 対数値に変換する手間なしで実験値 y の値をそのまま描き込めば良いように工夫されている.

5.7.2 いくつかの指数関数を片対数グラフで描く（底は同じで定数倍が違う場合）

$y = 2^x, y = 3 \cdot 2^x, y = 10 \cdot 2^x$ を通常のグラフと片対数グラフで描けば, 次のようになる.

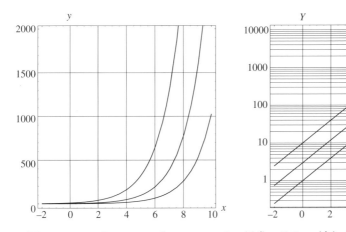

図 5.3 $y = 2^x, y = 3 \cdot 2^x, y = 10 \cdot 2^x$ の通常のグラフ（左）と片対数グラフ（右）

5.7.3 いくつかの指数関数を片対数グラフで描く（底が違う場合）

$y = 2^x, y = 3^x, y = 10^x$ を通常のグラフと片対数グラフで描けば, 次のようになる.

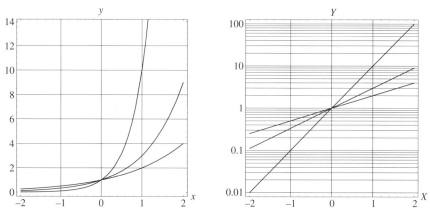

図 5.4 $y = 2^x$, $y = 3^x$, $y = 10^x$ の通常のグラフ（左）と片対数グラフ（右）

5.7.4 縦軸に等間隔が周期的に現れる

図 5.3 と図 5.4 の片対数方眼紙の縦軸の目盛りは

$$0.2, 0, 3, \cdots, 0.9, 1, 2, \cdots, 9, 10, 20, \cdots, 90, 100, 200, \cdots, 900, 1000, 2000, \cdots, 10000$$

$$0.01, 0.02, \cdots, 0.09, 0.1, 0.2, \cdots, 0.9, 1, 2, \cdots, 9, 10, 20, \cdots, 100$$

である．この目盛りで等間隔が周期的に現れるのは，例えば

$$\log_{10} 300 - \log_{10} 200 = (\log_{10} 3 + 2) - (\log_{10} 2 + 2)$$
$$= \log_{10} 3 - \log_{10} 2,$$
$$\log_{10}[(a+1) \times 10^n] - \log_{10}[a \times 10^n] = \{\log_{10}(a+1) + n\} - \{\log_{10} a + n\}$$
$$= \log_{10}(a+1) - \log_{10} a$$

という計算から納得できるであろう．

5.7.5 両対数グラフは $y = A \cdot x^a$ のグラフを直線に直す

- 今度は実験データをグラフ用紙にプロットしたとき，$y = A \cdot x^a$ の形になりそうだと予想されたとしよう．
- 両辺の対数（普通底 10 の常用対数）をとる．

$$\log_{10} y = \log_{10}(A \cdot x^a) = a \log_{10} x + \log_{10} A$$

となる．

- そこで $X = \log_{10} x$, $Y = \log_{10} y$ とおくと，$y = A \cdot x^a$ は $Y = aX + \log_{10} A$ と Y と X に関しては直線になる．
- 逆にいえば，x, y を対数目盛り X, Y に変換して X と Y の関係が直線になれば，元の x と y には $y = Ax^a$ の関係があることが分かる．
- このように 2 つの変数を対数目盛りに変換して描いたグラフを，（元のグラフの）**両対数グラフ**という．

- また両対数グラフを描くために，両軸が対数目盛りになっている方眼紙があり，それを**両対数方眼紙**という．
- 実際の方眼紙に振られている目盛りは $X = \log_{10} x, Y = \log_{10} y$ ではなく x, y であり，対数値に変換する手間はいらない．

5.7.6 複数の $y = Ax^a$ のグラフを両対数グラフで描く（a は同じで A が違う場合）

$y = x^2, y = 3x^2, y = 10x^2$ を通常のグラフと両対数グラフで描けば，次のようになる．

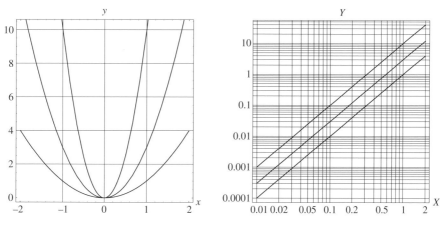

図 **5.5** $y = x^2$, $y = 3x^2$, $y = 10x^2$ の通常のグラフ（左）と両対数グラフ（右）

5.7.7 複数の $y = Ax^a$ のグラフを両対数グラフで描く（$A = 1$, a が違う場合）

$y = x^2, y = x^3, y = x^4$ を通常のグラフと両対数グラフで描けば，次のようになる．

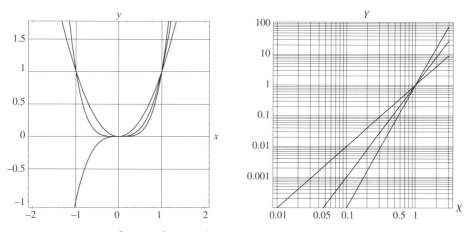

図 **5.6** $y = x^2$, $y = x^3$, $y = x^4$ の通常のグラフ（左）と両対数グラフ（右）

演習問題

5.1   次の関数を微分せよ.

(1) e^{-x^2} (2) $x^2 e^{-x}$ (3) $\log\sqrt{x^2+1}$ (4) $\log|(2x+1)(3x-1)|$ (5) $\log\left(\sqrt{3}x\right)$

5.2 $y = e^{2x}$ の接線で原点を通るものを求めよ.

5.3 $y = e^{\frac{x}{e}}$ の接線で原点を通るものを求めよ.

5.4 $y = \log x$ の接線で原点を通るものを求めよ.

5.5 $a, b > 0$ のとき，次を示せ.
$$\lim_{x \to 0} \frac{a^x - b^x}{x} = \log\left(\frac{a}{b}\right)$$

5.6 $y = e^{\alpha x}$ がすべての x について $y'' - y' - 2y = 0$ を満たすように定数 α の値を決めよ.

5.7 $y = xe^{\alpha x}$ がすべての x について $y'' + 2\sqrt{2}y' + 2y = 0$ を満たすように定数 α の値を決めよ.

第6章

指数関数に関係した関数のグラフを描く

指数関数に関係した関数のグラフを描く．増減・凹凸を調べる他に，$x \to \infty$ のときの x^n と e^{ax} との増大度の比較が必要になる．

6.1 e^x に関する評価

e^x を巾級数で定義したので，それが満たす微分方程式は容易に得られた．一方，無限個の和なので，いろいろな評価が面倒になることもある．ここでは2つの評価式を与える．

6.1.1 e^x は遠方でどんな多項式よりも増大する

まずは，指数関数 10^x が x^{100} と比べていかに急激に増大しているか実感しておこう．

x	x^{100}	10^x	$x^{100}/10^x$
10	10^{100}	10^{10}	$10^{100}/10^{10} = 10^{90}$
10^2	$(10^2)^{100} = 10^{200}$	$10^{10^2} = 10^{100}$	10^{100}
10^3	$(10^3)^{100} = 10^{300}$	$10^{10^3} = 10^{1000}$	$10^{-700} = \underbrace{0.000\cdots00}_{700 \text{ 個}}1$
10^4	$(10^4)^{100} = 10^{400}$	$10^{10^4} = 10^{10000}$	$10^{-9600} = \underbrace{0.000\cdots00}_{9600 \text{ 個}}1$

グラフを描いたり，応用するときは次の形で覚えておこう．

定理 6.1 $a > 0$ のとき，どんな実数 s に対しても

$$\lim_{x \to \infty} x^s e^{-ax} = 0$$

が成り立つ．

証明 $s \leqq N-1$ を満たす自然数 N を1つ固定する. $x>0$ のとき各項正なので,

$$e^{ax} = \sum_{n=0}^{\infty} \frac{(ax)^n}{n!} = 1 + ax + \cdots + \frac{(ax)^N}{N!} + \cdots > \frac{(ax)^N}{N!} = \frac{a^N x^N}{N!}$$

が成り立つ. よって $x>0$ のときは

$$0 < e^{-ax} < \frac{N!}{a^N} \cdot \frac{1}{x^N}$$

がいえるから,

$$0 < x^s e^{-ax} \leqq x^{N-1} e^{-ax} < \frac{N!}{a^N} \cdot \frac{x^{N-1}}{x^N} = \frac{N!}{a^N} \cdot \frac{1}{x} \to 0 \quad (x \to \infty). \qquad \square$$

6.1.2 e^x と有限和 $\displaystyle\sum_{n=0}^{N-1} \frac{x^n}{n!}$ との誤差評価

定理 6.2 任意の自然数 N に対して,

$$R_N(x) = e^x - \sum_{n=0}^{N-1} \frac{x^n}{n!}$$

とおく. このとき, $R_N(0) = 0$ で, $0 < |x| < N+1$ ならば

$$|R_N(x)| < \frac{|x|^N}{N!} \cdot \frac{1}{1 - \dfrac{|x|}{N+1}}$$

が成り立つ.

証明 まず $|r| < 1$ のとき, 等比数列の和の公式

$$1 + r + r^2 + r^3 + r^4 + \cdots = \frac{1}{1-r} \qquad\qquad \cdots\cdots (*)$$

が成り立つことを思い出そう. これは

$$S = 1 + r + r^2 + r^3 + r^4 + \cdots, \quad r \cdot S = r + r^2 + r^3 + r^4 + \cdots$$

の各辺同士を引いて,

$$(1-r)S = 1, \quad \therefore S = \frac{1}{1-r},$$

となることから分かる. よって

$$|R_N(x)| = \left| e^x - \sum_{n=0}^{N-1} \frac{x^n}{n!} \right| = \left| \sum_{n=N}^{\infty} \frac{x^n}{n!} \right| \leqq \sum_{n=N}^{\infty} \frac{|x|^n}{n!}$$

$$= \frac{|x|^N}{N!} + \frac{|x|^{N+1}}{(N+1)!} + \frac{|x|^{N+2}}{(N+2)!} + \frac{|x|^{N+3}}{(N+3)!} + \cdots$$

$$= \frac{|x|^N}{N!} \left(1 + \frac{|x|}{N+1} + \frac{|x|^2}{(N+1)(N+2)} + \frac{|x|^3}{(N+1)(N+2)(N+3)} + \cdots \right)$$

$$< \frac{|x|^N}{N!} \left\{ 1 + \left(\frac{|x|}{N+1} \right) + \left(\frac{|x|}{N+1} \right)^2 + \left(\frac{|x|}{N+1} \right)^3 + \cdots \right\} \quad (\text{ここに和の公式} (*) \text{を使う})$$

$$= \frac{|x|^N}{N!} \cdot \frac{1}{1 - \dfrac{|x|}{N+1}}. \qquad\qquad\qquad\qquad\qquad\qquad\qquad\qquad \square$$

具体的には，$N = 1, 2, 3$ の場合，次の不等式が成り立つといっている．

- $|e^x - 1| < \dfrac{|x|}{1 - \dfrac{|x|}{2}} \quad (0 < |x| < 2)$

- $|e^x - 1 - x| < \dfrac{|x|^2}{2\left(1 - \dfrac{|x|}{3}\right)} \quad (0 < |x| < 3)$

- $|e^x - 1 - x - \dfrac{1}{2}x^2| < \dfrac{|x|^3}{6\left(1 - \dfrac{|x|}{4}\right)} \quad (0 < |x| < 4)$

6.1.3 $(2 - \sqrt{2})^2 e^{-2+\sqrt{2}}$ と $(2 + \sqrt{2})^2 e^{-2-\sqrt{2}}$ の大小の比較

例題 6.3 　$(2 - \sqrt{2})^2 e^{-2+\sqrt{2}}$ と $(2 + \sqrt{2})^2 e^{-2-\sqrt{2}}$ の大小を比較せよ．

解

$$\frac{2 + \sqrt{2}}{2 - \sqrt{2}} = \frac{(2 + \sqrt{2})^2}{4 - 2} = \frac{4 + 4\sqrt{2} + 2}{2} = 3 + 2\sqrt{2}$$

に注意すれば，

$$(2 - \sqrt{2})^2 e^{-2+\sqrt{2}} < (2 + \sqrt{2})^2 e^{-2-\sqrt{2}} \qquad\qquad\qquad \cdots\cdots (*)$$

$$\Longleftrightarrow e^{2\sqrt{2}} < \left(\frac{2 + \sqrt{2}}{2 - \sqrt{2}} \right)^2 \Longleftrightarrow e^{\sqrt{2}} < \frac{2 + \sqrt{2}}{2 - \sqrt{2}} = 3 + 2\sqrt{2}$$

である．そこで $x = \sqrt{2} < 2$ なので，$N = 1$ での評価式 $|e^x - 1| < \dfrac{|x|}{1 - \dfrac{|x|}{2}} \quad (0 < |x| < 2)$ を用いると

$$|e^{\sqrt{2}} - 1| < \frac{\sqrt{2}}{1 - \dfrac{\sqrt{2}}{2}} = \frac{2\sqrt{2}}{2 - \sqrt{2}} = \frac{2\sqrt{2}(2 + \sqrt{2})}{4 - 2} = 2\sqrt{2} + 2$$

が得られる．よって

$$e^{\sqrt{2}} = \left(e^{\sqrt{2}} - 1 \right) + 1 = \left| e^{\sqrt{2}} - 1 \right| + 1 < 2\sqrt{2} + 2 + 1 = 3 + 2\sqrt{2}$$

がいえたから，$(*)$ が成り立つ. □

- 実際の数値は，$(2 - \sqrt{2})^2 e^{-2+\sqrt{2}} = 0.191\ldots < 0.383\ldots = (2 + \sqrt{2})^2 e^{-2-\sqrt{2}}$ である.

6.2 指数関数に関係する関数のグラフ

指数関数を含む関数のグラフを描く練習をする. 増減表が書ければ良いが，それに加えて $x \to \pm\infty$ のときの関数の挙動に注意しておこう.

6.2.1 関数の正負・$x \to \pm\infty$ のときの関数の挙動に注意する

> **例題 6.4**　$y = xe^{-\frac{1}{2}x}$ の凹凸も込めたグラフを描き，極値, 変曲点も求めよ.

解

$$y' = e^{-\frac{1}{2}x} + x\left(-\frac{1}{2}\right)e^{-\frac{1}{2}x} = \left(1 - \frac{1}{2}x\right)e^{-\frac{1}{2}x}$$

より

$$y' = 0 \Longrightarrow x = 2.$$

$$y'' = -\frac{1}{2}e^{-\frac{1}{2}x} + \left(1 - \frac{1}{2}x\right)\left(-\frac{1}{2}\right)e^{-\frac{1}{2}x} = \left(\frac{1}{4}x - 1\right)e^{-\frac{1}{2}x}$$

より

$$y'' = 0 \Longrightarrow x = 4.$$

これより増減表は次のようになる.

x	$\cdots$	2	$\cdots$	4	$\cdots$
y'	$+$	0	$-$	$-$	$-$
y''	$-$	$-$	$-$	0	$+$
y	$\nearrow$	$\dfrac{2}{e}$	$\searrow$	$\dfrac{4}{e^2}$	$\searrow$

よって $x = 2$ のとき極大値 $\dfrac{2}{e}$ をとり，変曲点は $\left(4, \dfrac{4}{e^2}\right)$ である. グラフは図 6.1 のようになる. 次の点に注意しよう.

- $x > 0$ のとき，$y = xe^{-\frac{1}{2}x} > 0$ である.
- $x < 0$ のとき，$y = xe^{-\frac{1}{2}x} < 0$ である.
- $x = 0$ のとき，$y = 0$ である.
- $\displaystyle\lim_{x \to \infty} xe^{-\frac{1}{2}x} = 0$ である. 即ち x が大きくなっていくと，y は 0 に近づく.

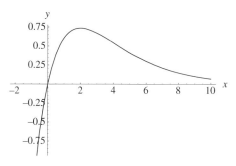

図 6.1　$y = xe^{-\frac{1}{2}x}$ のグラフ

□

6.2.2 正規分布のグラフを描く

$y = \dfrac{1}{\sqrt{2\pi}\sigma} e^{-\frac{(x-\mu)^2}{2\sigma^2}}$ のグラフは，平均 μ，標準偏差 σ である正規分布の確率分布を表す．大人
数が受ける試験の得点分布等，大量のデータを扱うときには必ず顔を出す大事な関数である．その
最も簡単な形を描いてみよう．

例題 6.5　$y = e^{-x^2}$ の凹凸も込めたグラフを描き，極値，変曲点も求めよ．

解

$$y' = -2xe^{-x^2}. \quad \therefore y' = 0 \Longrightarrow x = 0.$$

$$y'' = -2e^{-x^2} - 2x(-2x)e^{-x^2} = (4x^2 - 2)e^{-x^2} = 4\left(x^2 - \frac{1}{2}\right)e^{-x^2}$$

より

$$y'' = 0 \Longrightarrow x^2 = \frac{1}{2}. \quad \therefore x = \pm\frac{1}{\sqrt{2}}.$$

これより増減表は次のようになる．

x	$\cdots$	$-\dfrac{1}{\sqrt{2}}$	$\cdots$	0	$\cdots$	$\dfrac{1}{\sqrt{2}}$	$\cdots$
y'	$+$	$+$	$+$	0	$-$	$-$	$-$
y''	$+$	0	$-$	$-$	$-$	0	$+$
y	$\nearrow$	$\dfrac{1}{\sqrt{e}}$	$\nearrow$	1	$\searrow$	$\dfrac{1}{\sqrt{e}}$	$\searrow$

よって $x = 0$ のとき極大値 1 をとり，変曲点は $\left(\pm\dfrac{1}{\sqrt{2}}, \dfrac{1}{\sqrt{e}}\right)$ である．グラフは図 6.2 のようにな
る．次の点に注意しておこう．

- すべての x に対して，$y = e^{-x^2} > 0$ である．
- グラフは y 軸対称になっている．
- $\displaystyle\lim_{x \to \pm\infty} e^{-x^2} = 0$ である．即ち $|x|$ が大きくなっていくと y は 0 に近づく．

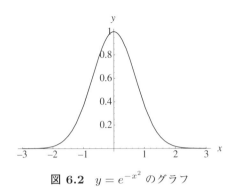

図 **6.2**　$y = e^{-x^2}$ のグラフ

□

6.2.3　2 つの変曲点の値の大小にも気を配ろう

例題 6.6　$y = x^2 e^{-x}$ の凹凸も込めたグラフを描き，極値，変曲点も求めよ．

解

$$y' = 2xe^{-x} - x^2 e^{-x} = (2x - x^2)e^{-x}. \quad \therefore y' = 0 \Longrightarrow x(2 - x) = 0. \quad \therefore x = 0, 2.$$

$$y'' = (2 - 2x)e^{-x} - (2x - x^2)e^{-x} = (x^2 - 4x + 2)e^{-x}$$

より

$$y'' = 0 \Longrightarrow x^2 - 4x + 2 = 0. \quad \therefore x = \frac{4 \pm \sqrt{16 - 4 \cdot 1 \cdot 2}}{2} = 2 \pm \sqrt{2}.$$

これより増減表は次のようになる．

x	$\cdots$	0	$\cdots$	$2 - \sqrt{2}$	$\cdots$	2	$\cdots$	$2 + \sqrt{2}$	$\cdots$
y'	$-$	0	$+$	$+$	$+$	0	$-$	$-$	$-$
y''	$+$	$+$	$+$	0	$-$	$-$	$-$	0	$+$
y	$\searrow$	0	$\nearrow$	$(2 - \sqrt{2})^2 e^{-2+\sqrt{2}}$	$\nearrow$	$\dfrac{4}{e}$	$\searrow$	$(2 + \sqrt{2})^2 e^{-2-\sqrt{2}}$	$\searrow$

よって，$x = 0$ のとき極小値 0，$x = 2$ のとき極大値 $\dfrac{4}{e}$ をとり，変曲点は $(2 \pm \sqrt{2}, (2 \pm \sqrt{2})^2 e^{-(2 \pm \sqrt{2})})$（複号同順）である．グラフは図 6.3 のようになる．$(2 - \sqrt{2})^2 e^{-2+\sqrt{2}} = 0.191 \cdots < 0.383 \cdots = (2 + \sqrt{2})^2 e^{-2-\sqrt{2}}$ に注意しておこう．

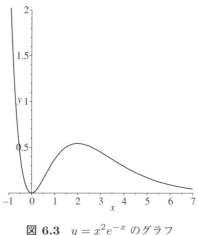

図 6.3 $y = x^2 e^{-x}$ のグラフ □

演習問題

6.1 直線上を運動する点 P の時刻 t における位置を $x(t)$ とする．$x(t)$ が

$$x(t) = te^{-\frac{1}{2}t}$$

であるとき次の問いに答えよ．

(1) P が速度の向きを変える時刻を求めよ．

(2) P が加速度の向きを変える時刻を求めよ．

(3) $t \geqq 0$ の範囲で P が原点 O から最も離れる距離を求めよ．

6.2 関数 $y = xe^{-2x}$ のグラフを増減表を使って描け．

6.3 $\displaystyle\lim_{x \to \infty} x^s e^{-ax} = 0 \, (a > 0)$ を用いて，

$$\lim_{x \to +0} x^a \log x = 0 \quad (a > 0)$$

を示せ．$x \to +0$ は $x > 0$ で 0 に近づけることを意味する．

6.4 関数 $y = x^x \, (x > 0)$ のグラフを描け．

6.5 関数 $y = e^{-\frac{1}{x}} \, (x > 0)$ のグラフを描け．

6.6 c, L は $0 < 2c < L$ を満たすとする．このとき

$$L = \frac{e^{ca} - e^{-ca}}{a}$$

を満たす $a > 0$ が唯 1 つ存在することを示せ．

第7章

微分方程式：$y'(x) = ky(x)$ を扱う

　指数関数の重要性は，身近な物理現象が指数関数を用いて記述されることにある．ここではそのような物理現象を微分方程式を通して学ぼう．

7.1 微分方程式：$y'(x) = ky(x)$

7.1.1 微分方程式が記述する現象

　$y'(x)$ は $y(x)$ の瞬間の変化率を表す．よって，これは瞬間の変化率が自分自身の量に比例する物理現象を記述する．原子の崩壊現象，物質の溶解，冷却現象などが典型例である．

7.1.2 微分方程式を解く

定理 7.1　解の公式 k は定数とする．$a < x < b$ の範囲で微分方程式

$$y'(x) = ky(x)$$

を満たす $y(x)$ はすべて

$$y(x) = Ce^{kx} \quad (C \text{ は定数})$$

の形の関数である．

- $y(x) = Ce^{kx}$ のとき，$y(0) = C$ である．よって $y(0)$ の値を与えると $y(x)$ は完全に決まってしまう．
- この $y(0)$ のことを，**初期条件**という．

証明　$y' - ky = 0$ と変形して両辺に e^{-kx} を掛けると

$$e^{-kx}y' - ke^{-kx}y = 0$$

となる．ここで $\left(e^{-kx}\right)' = -ke^{-kx}$ と積の微分公式：$(fg)' = f'g + fg'$ を用いると

$$\left(e^{-kx}y\right)' = \left(e^{-kx}\right)'y + e^{-kx}y' = e^{-kx}y' - ke^{-kx}y = 0$$

が分かるから，

$$\left(e^{-kx}y\right)' = 0$$

となる．そこで「$f'(x) = 0 \Longrightarrow f(x) =$ 定数」であることを思い出すと

$$e^{-kx}y = C \quad (定数)$$

が得られる．よって，$y = Ce^{kx}$（C は定数）の形である．　　　　　□

7.1.3 解の公式を用いて微分方程式を解く

> **例題 7.2**　次の微分方程式を解け．
>
> $$(1)\ y'(x) = -2y(x),\ y(0) = 3 \qquad (2)\ y'(x) = -3(y(x) + 1),\ y(0) = 1$$

解　(1) 解の公式を用いて，$y(x) = Ce^{-2x}$ で $y(0) = 3$ より $3 = C$．よって $y(x) = 3e^{-2x}$．

(2) <u>$y'(x) = ky(x) + c$ のタイプの微分方程式も解けることに注意しておこう．</u>
$(y(x) + 1)' = y'(x)$ より

$$(y(x) + 1)' = -3(y(x) + 1)$$

と変形すれば，解の公式から

$$y(x) + 1 = Ce^{-3x}$$

となる．$y(0) = 1$ より $1 + 1 = C$．　$\therefore C = 2$．よって $y(x) = -1 + 2e^{-3x}$．　　　　　□

7.1.4 コンデンサーに溜まる電荷や汚染物質の量を記述する微分方程式

> **例題 7.3**　$y(x)$ が微分方程式：$y'(x) = 6 - 2y(x)$，　$y(0) = 0$ を満たしているとする．このとき
> (1) $y(x)$ を求めよ．
> (2) $y = y(x)$ のグラフを描け．
> (3) $y(x) = 2$ となる x を求めよ．
> (4) $y'(x) = 1$ となる x を求めよ．

解　(1) $\{y(x) - 3\}' = -2\{y(x) - 3\}$ と変形すると，$y(x) - 3 = Ce^{-2x}$ の形であることが分かる．$y(0) = 0$ より $-3 = C$ が分かるから，$y(x) = 3 - 3e^{-2x} = 3(1 - e^{-2x})$．

(2)

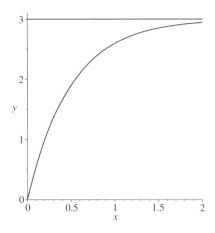

図 7.1　$y = 3(1 - e^{-2x})$ のグラフ

(3) $2 = 3 - 3e^{-2x} \Longrightarrow e^{-2x} = \dfrac{1}{3} \Longrightarrow -2x = \log \dfrac{1}{3} = -\log 3 \Longrightarrow x = \dfrac{1}{2} \log 3$.

(4) $y'(x) = 6e^{-2x}$ であるから，

$$1 = 6e^{-2x} \Longrightarrow e^{-2x} = \frac{1}{6} \Longrightarrow -2x = \log \frac{1}{6} = -\log 6 \Longrightarrow x = \frac{1}{2} \log 6. \qquad \square$$

- 電圧 V の直流電源，抵抗 R，容量 C のコンデンサーからなる回路を考える．この回路のコンデンサーに溜まる時刻 t における電荷を $q(t)$ とすると，$q(t)$ は微分方程式 $q'(t) = \dfrac{-1}{CR} q(t) + \dfrac{V}{R}$ を満たす．$q(0) = 0$ の初期条件の下で解くと図 7.1 のようなグラフになる．

- $y'(x) = ky(x) + c$ のタイプの微分方程式は，汚染物質が溜まっていき，やがて飽和量に達するというモデルにも用いられる．

- 速度に比例する抵抗を受ける落下運動はこのタイプの微分方程式で記述される．よって速度はやがて一定値に近づいていく．

7.1.5　放射性物質の半減期

> **例題 7.4**　$k > 0$ を定数とする．ある物質の時刻 t での物質の量 $x = x(t)$ が微分方程式 $\dfrac{dx}{dt} = -kx$ に従って変化しているとする．このとき物質の量が半分になる時刻（**半減期**） $T; x(T) = \dfrac{1}{2} x(0)$ を求めよ．

解　$x(t) = Ce^{-kt}$ の形である．$t = 0$ として $x(0) = C$．よって

$$x(t) = x(0)e^{-kt}$$

と分かる．さて $x(T) = \dfrac{1}{2} x(0)$ となる T は

$$e^{-kT} = \frac{1}{2}. \quad \therefore -kT = \log \left(\frac{1}{2} \right) = -\log 2.$$

よって

$$T = \frac{\log 2}{k}.$$ □

- 半減期は物質の初期量 $x(0)$ に関係しないことに注意する.
- 物質の半減期をいくつか挙げておく.

バリウム 140 (^{140}Ba)	13 日
炭素 14 (^{14}C)	5568 年
プルトニウム (^{239}Pu)	2.41×10^4 年
ウラン ($^{238}_{92}$U)	4.5×10^9 年
ウラン ($^{235}_{92}$U)	0.7×10^9 年

7.1.6 崩壊の時間は半減期を基準に考える場合が多い

> **例題 7.5** $k > 0$ は定数とする. ある放射性物質の時刻 t における質量 $x = x(t)$ が微分方程式 $\dfrac{dx}{dt} = -kx, x(0) > 0$ に従って変化しているとする. この物質の半減期を T とする. このとき $\dfrac{x(T_1)}{x(0)} = \dfrac{1}{4\sqrt{2}}$ を満たす T_1 を T を用いて表せ.

解 $x(t) = x(0)e^{-kt}, T = \dfrac{\log 2}{k}$ は例題 7.4 よりすでに知っている.

$$e^{-kT_1} = \frac{x(T_1)}{x(0)} = \frac{1}{4\sqrt{2}} = \frac{1}{2^{\frac{5}{2}}} = 2^{-\frac{5}{2}}$$

となる. $y = \log x \iff x = e^y$ より

$$-kT_1 = \log 2^{-\frac{5}{2}} = -\frac{5}{2}\log 2. \quad \therefore T_1 = \frac{5}{2}\frac{\log 2}{k} = \frac{5}{2}T.$$ □

- 炭素 14 の半減期は 6000 年程度なので, 年代測定によく使われる.

7.1.7 物体が冷える様子を表す微分方程式

> **例題 7.6**   温度が一定の空気中に, それよりも高温度の物体をおくとき, 冷却の速さは物体と空気の温度差に比例する（**ニュートンの冷却の法則**）. 比例定数を $-k\,(k > 0)$, 空気の温度を a とするとき, 時刻 t での物体の温度 $\theta = \theta(t)$ を求めよ. $\theta(0) = b$ とする.

解   冷却の速さ (温度の変化率) $\theta'(t)$ は物体と空気の温度差 $\theta(t) - a\,(> 0)$ に比例するので

$$\theta'(t) = -k(\theta(t) - a)$$

が成り立つ. これを

$$(\theta(t) - a)' = -k(\theta(t) - a)$$

と変形して

$$\theta(t) - a = Ce^{-kt}$$

が分かる．$\theta(0) = b$ から $b - a = C$ なので

$$\theta(t) = a + (b - a)e^{-kt}. \qquad\qquad \square$$

演習問題

7.1　次の微分方程式を解け．

(1) $y'(x) = -y(x)$,　$y(2) = 1$　　　　(2) $y'(x) = -3(y(x) - 2)$,　$y(0) = 0$

7.2　ショ糖の溶液に酸を加えて一定温度に保つとき，ショ糖が分解する速さは溶液中にあるショ糖の量に比例する．比例定数を $-k\,(k > 0)$，ショ糖の最初の量を a, t 時間後のショ糖の量を $x = x(t)$ とするとき，x を t の式で表せ．

7.3　ある物質が極めて希薄な溶液中で溶解する速さは，この溶液中に現存する物質の量に比例する．この物質が溶液中に初め $10\,\mathrm{g}$ あったが，1 時間後に $6\,\mathrm{g}$ になったとする．次の 1 時間後には何 g になっているか．

7.4　ある物質の時刻 t での量 x が，$\dfrac{dx}{dt} = -kx, \, (k > 0)$ に従って反応していくとする．反応が 90% 進行する時間は 50% 進行する時間の何倍か．

7.5　温度 80 度の物体を 40 度の空気中に入れてから，20 秒後には $60\,℃$ になったとする．それから 40 秒後の物体の温度を求めよ．

7.6　$k > 0$ は定数とする．$y(x)$ が

$$y'(x) = -k(y(x) - 2), \; y(0) = 14, \; y(1) = 8$$

を満たすとき $y(3)$ の値を求めよ．

7.7　放射性物質ラドンの半減期は 3.825 日である．ラドンが 90% 崩壊するには何日かかるか．

7.8　ある物質の時刻 t での量 $x = x(t)$ が，微分方程式 $\dfrac{dx}{dt} = -kx, k > 0$ に従って変化しているとする．この物質の半減期を T とする．このとき $x(t) = x(0) \left(\dfrac{1}{2}\right)^{\frac{t}{T}}$ の関係が成り立つことを示せ．

第 **8** 章

三角関数を微分する

　三角関数の導関数を計算する．微積分を行うときは，角の単位はラジアン単位（弧度法）で測ると教えられる．ラジアン単位を使って初めて $\displaystyle\lim_{x \to 0} \frac{\sin x}{x} = 1$ という公式が得られるからである．しかし数学では面積にすら単位をつけないのに，三角関数をやるときに「度」とか「ラジアン」という単位を持ち出さなければいけないこと自体おかしいのではないだろうか．

8.1 ラジアン・度を用いた三角関数

8.1.1 ラジアン単位

- 角度の単位は「ラジアン」を主に使う．反時計回りを **正の向き**（正の角），時計回りを **負の向き**（負の角）と約束する．
- この単位を用いると三角関数に関係する種々の公式が簡潔に表現できるというメリットがある（ただそれだけの理由しかないが）．
- $\pi = 180^\circ$ で，後は比例配分する．ラジアンには普通単位は書かない．

度 (°) とラジアン (rad) との変換率

$$\pi = 180^\circ, \quad 1 \,(\text{ラジアン}) = \frac{180^\circ}{\pi} \fallingdotseq 57.296^\circ$$

ラジアン	$-\pi$	$-\dfrac{\pi}{2}$	$-\dfrac{\pi}{6}$	0	$\dfrac{\pi}{6}$	$\dfrac{\pi}{4}$	$\dfrac{\pi}{3}$	$\dfrac{\pi}{2}$	$\dfrac{2\pi}{3}$	$\dfrac{3\pi}{4}$
度	-180°	-90°	-30°	0°	30°	45°	60°	90°	120°	135°
ラジアン	π	2π	$\dfrac{5\pi}{2}$	3π	$\dfrac{7\pi}{2}$	4π	$\dfrac{9\pi}{2}$	5π	$\dfrac{11\pi}{2}$	
度	180°	360°	450°	540°	630°	720°	810°	900°	990°	

8.1.2 三角関数の値

- 三角関数の値は，三角比から決めていた．

三角関数の値の例

$$(1)\ \sin 30° = \frac{1}{2}, \qquad \cos 30° = \frac{\sqrt{3}}{2}, \qquad \tan 30° = \frac{1}{\sqrt{3}},$$

$$(2)\ \sin 45° = \frac{1}{\sqrt{2}}, \qquad \cos 45° = \frac{1}{\sqrt{2}}, \qquad \tan 45° = 1,$$

$$(3)\ \sin 60° = \frac{\sqrt{3}}{2}, \qquad \cos 60° = \frac{1}{2}, \qquad \tan 60° = \sqrt{3}.$$

- 次図を参照のこと.

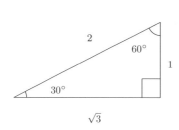 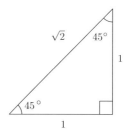

- 直角三角形の 1 辺と 1 つの角が与えられたとき, 他の 2 辺は三角関数を用いて表すことができる.

直角を挟む 2 辺の三角関数表示

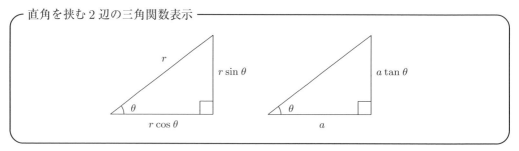

8.2 ラジアン単位を用いた三角関数の導関数

三角関数の導関数を求めよう. ここからは, 角の単位はラジアンで測ることにする.

8.2.1 ラジアン単位で $\lim_{x \to 0} \dfrac{\sin x}{x} = 1$ が分かる

定理 8.1　ラジアン単位で測ると, $y = \sin x$ のグラフの $x = 0$ における接線の傾きは 1 である. 即ち, $h \to 0$ のとき

$$\sin h = h + (h^2\, \text{以上の項})$$

が成り立つ.

- 8.3 節において別の方法で詳しい結果を出すので, 今は証明をスキップする.

- この定理から $\dfrac{\sin h}{h} = 1 + (h^1\, \text{以上の項})$ が分かるので, $\displaystyle\lim_{x \to 0} \dfrac{\sin x}{x} = 1$ が示されたことになる.

θ	$\sin\theta$	$\dfrac{\sin\theta}{\theta}$
1	0.841471	0.841471
0.1	0.0998334	0.998334
0.01	0.00999983	0.999983

● ラジアン単位で書いた $y = \sin x$ と $y = x$ のグラフを見れば，$x = 0$ における接線の傾きが 1 であることが分かる．

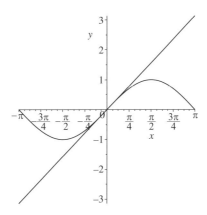

図 8.1 $y = \sin x$ と $y = x$ のグラフ

8.2.2 三角関数の導関数

定理 8.2 (1) すべての実数 x に対して，

$$(\sin x)' = \cos x, \quad (\cos x)' = -\sin x$$

が成り立つ．

(2) $x \neq \dfrac{\pi}{2} + \pi n$（$n$ は整数）であるすべての実数 x に対して，

$$(\tan x)' = \frac{1}{\cos^2 x}$$

が成り立つ．

証明 (1) 2 倍角の公式：$\cos(2\alpha) = 1 - 2\sin^2(\alpha)$ で $\alpha = \dfrac{h}{2}$ とおくと，定理 8.1

$$\sin h = h + (h^2 \text{以上の項}) \quad (h \to 0) \qquad \cdots\cdots (*)$$

より

$$\cos h = \cos\left(2 \cdot \frac{h}{2}\right) = 1 - 2\sin^2\left(\frac{h}{2}\right) = 1 - 2\left(\frac{h}{2} + (h^2 \text{以上の項})\right)^2$$

$$= 1 - 2\left(\frac{h^2}{4} + (h^3 \text{以上の項})\right) = 1 - \frac{1}{2}h^2 + (h^3 \text{以上の項}) \quad (h \to 0) \qquad \cdots\cdots (**)$$

が分かる．そこで加法定理

$$\sin(\alpha + \beta) = \sin\alpha\cos\beta + \cos\alpha\sin\beta, \quad \cos(\alpha + \beta) = \cos\alpha\cos\beta - \sin\alpha\sin\beta$$

で $\alpha = x, \beta = h$ として $(*), (**)$ を代入する．$h \to 0$ のとき

$$
\begin{aligned}
\sin(x+h) &= \sin x \cos h + \cos x \sin h \\
&= \sin x \left(1 - \frac{1}{2}h^2 + (h^3 \text{以上の項})\right) + \cos x \left(h + (h^2 \text{以上の項})\right) \\
&= \sin x + (\cos x)h + (h^2 \text{以上の項}), \\
\cos(x+h) &= \cos x \cos h - \sin x \sin h \\
&= \cos x \left(1 - \frac{1}{2}h^2 + (h^3 \text{以上の項})\right) - \sin x \left(h + (h^2 \text{以上の項})\right) \\
&= \cos x + (-\sin x)h + (h^2 \text{以上の項})
\end{aligned}
$$

が得られる．$f(x+h) = f(x) + f'(x)h + (h^2 \text{以上の項})$ と比べて

$$(\sin x)' = \cos x, \quad (\cos x)' = -\sin x$$

がいえた．

(2) 商の微分公式：$\left(\dfrac{f}{g}\right)' = \dfrac{f'g - fg'}{g^2}$ を用いる．

$$
\begin{aligned}
(\tan x)' &= \left(\frac{\sin x}{\cos x}\right)' = \frac{(\sin x)'\cos x - \sin x(\cos x)'}{\cos^2 x} \\
&= \frac{(\cos x)\cos x - \sin x(-\sin x)}{\cos^2 x} = \frac{\cos^2 x + \sin^2 x}{\cos^2 x} = \frac{1}{\cos^2 x}. \qquad \square
\end{aligned}
$$

8.2.3 便利な公式

実際の微分の計算では，以下の公式がよく用いられる．

> **公式**
> 微分可能な関数 $f(x)$ に対して
> (1) $(\sin f(x))' = \cos f(x) \times f'(x)$,
> (2) $(\cos f(x))' = -\sin f(x) \times f'(x)$,
> (3) $(\tan f(x))' = \dfrac{1}{\cos^2 f(x)} \times f'(x)$,
> が成り立つ．ただし (3) は分母が 0 にならないとする．

証明　(1) $y = \sin f(x), u = f(x)$ とおくと $y = \sin u$ である．よって合成関数の微分公式より，

$$(\sin f(x))' = \frac{dy}{dx} = \frac{dy}{du}\frac{du}{dx} = \cos u \cdot f'(x) = \cos f(x) \times f'(x).$$

(2), (3) も同様である．　　　　　　　　　　　　　　　　　　　　　　　　　　$\square$

8.2.4 導関数を求める計算練習

例題 8.3 次の関数の導関数を求めよ. ただし a, b は定数とする.

(1) $\sin(2x)$　　(2) $\sin(ax+b)$　　(3) $\sin^3 x$　　(4) $\cos\left(\dfrac{x}{2}\right)$　　(5) $x\tan x$

解 三角関数の導関数の公式の他, $(y^\alpha)' = \alpha y^{\alpha-1} \times y'$, $(uv)' = u'v + uv'$ の微分公式も使う.

(1) $(\sin(2x))' = \cos(2x) \times (2x)' = 2\cos(2x)$

(2) $(\sin(ax+b))' = \cos(ax+b) \times (ax+b)' = a\cos(ax+b)$

(3) $\left(\sin^3 x\right)' = \{(\sin x)^3\}' = 3(\sin x)^2 \times (\sin x)' = 3\sin^2 x \cos x$

(4) $\left(\cos\left(\dfrac{x}{2}\right)\right)' = -\sin\left(\dfrac{x}{2}\right) \times \left(\dfrac{x}{2}\right)' = -\dfrac{1}{2}\sin\left(\dfrac{x}{2}\right)$

(5) $(x\tan x)' = (x)'\tan x + x(\tan x)' = \tan x + \dfrac{x}{\cos^2 x}$　　$\Box$

8.2.5 三角関数のグラフに接線を引く

例題 8.4 $y = (\cos x)^2$ の $x = \dfrac{\pi}{4}$ における接線を求めよ.

解 $(y^\alpha)' = \alpha y^{\alpha-1} \times y'$ より, $y' = 2(\cos x)(-\sin x) = -2\cos x \sin x$ である. $x = \dfrac{\pi}{4}$ のとき,

$$y = \left(\cos\dfrac{\pi}{4}\right)^2 = \dfrac{1}{2}, \quad y' = -2\cos\dfrac{\pi}{4}\sin\dfrac{\pi}{4} = -1$$

であるから, 接線の方程式 $y = f'(a)(x-a) + f(a)$ に代入して

$$y = -\left(x - \dfrac{\pi}{4}\right) + \dfrac{1}{2} = -x + \dfrac{\pi}{4} + \dfrac{1}{2}. \quad \therefore y = -x + \dfrac{\pi}{4} + \dfrac{1}{2}$$

である.　　$\Box$

8.2.6 ブランコを漕ぐ

例題 8.5 $a > 0, \omega > 0$ とする. 微分方程式

$$\theta''(t) + a^2\theta(t) = \varepsilon\cos(\omega t), \quad \theta(0) = \theta'(0) = 0$$

を考える. 次の問いに答えよ.

(1) $a \neq \omega$ のとき, $\theta(t) = A\cos(\omega t) + B\cos(at)$ が解となる定数 A, B の値を定めよ.

(2) $a = \omega$ のとき, $\theta(t) = At\sin(\omega t)$ が解となる定数 A の値を定めよ.

解 (1) 微分して

$$\theta'(t) = -\omega A\sin(\omega t) - aB\sin(at), \quad \theta''(t) = -\omega^2 A\cos(\omega t) - a^2 B\cos(at)$$

より，

$$\theta''(t) + a^2\theta(t) = (a^2 - \omega^2)A\cos(\omega t)$$

となる．右辺が $\varepsilon\cos(\omega t)$ になれば良いから，

$$A = \frac{\varepsilon}{a^2 - \omega^2}$$

となる．また $\theta'(0) = 0$ は，A, B が何であっても成り立っている．一方，$\theta(0) = A + B = 0$ とならないといけないので，

$$B = -A = \frac{-\varepsilon}{a^2 - \omega^2}$$

である．

(2) $\theta(t) = At\sin(\omega t)$ より，$\theta(0) = 0$ は成り立っている．積の微分公式を用いて，

$$\theta'(t) = A\sin(\omega t) + \omega At\cos(\omega t)$$

なので，$\theta'(0) = 0$ も成り立っている．さらに微分して

$$\theta''(t) = \omega A\cos(\omega t) + \omega A\cos(\omega t) - \omega^2 At\sin(\omega t)$$
$$= 2\omega A\cos(\omega t) - \omega^2\theta(t)$$

より，

$$\theta''(t) + \omega^2\theta(t) = 2\omega A\cos(\omega t)$$

となる．右辺が $\varepsilon\cos(\omega t)$ になれば良いから，

$$A = \frac{\varepsilon}{2\omega}$$

にとれば良い． □

8.2.7 微分方程式の導出

例題 8.5 の微分方程式は，振り子の運動の接線方向に周期的な外力を与えたときの振幅角が満たす微分方程式になっている．

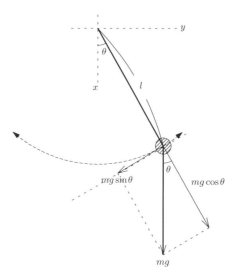

図 8.2　周期的な外力を与えたときの振り子の運動

図 8.2 の座標系で,長さ l の糸の先端の位置は,

$$\boldsymbol{x} = l \underbrace{(\cos\theta, \sin\theta)}_{=\boldsymbol{e}_r} = l\boldsymbol{e}_r$$

と表すことができる.$\theta = \theta(t)$ なので,速度・加速度ベクトルはそれぞれ,

$$\boldsymbol{x}' = l \underbrace{(-\sin\theta, \cos\theta)}_{=\boldsymbol{e}_\theta} \theta' = l\theta'\boldsymbol{e}_\theta,$$

$$\boldsymbol{x}'' = l(-\cos\theta, -\sin\theta)(\theta')^2 + l(-\sin\theta, \cos\theta)\theta'' = -l(\theta')^2\boldsymbol{e}_r + l\theta''\boldsymbol{e}_\theta$$

と計算できる.$\boldsymbol{e}_\theta$ は接線方向である.一方,糸の先端の質量 m の重りにはたらく力は,重力と外力 F で,$\boldsymbol{e}_r, \boldsymbol{e}_\theta$ の方向に分解して考えると,

$$mg\cos\theta\boldsymbol{e}_r + (F - mg\sin\theta)\boldsymbol{e}_\theta$$

である.ここで運動方程式:「質量 × 加速度 = 力」において $\boldsymbol{e}_\theta$ 方向の成分をとると,

$$ml\theta'' = F - mg\sin\theta$$

となり,θ は小さいとして,$\sin\theta$ を θ で置き換える.そして力 F も周期的な外力 $F = F_0\cos(\omega t)$ とする.以上から,振り子の振れの角 $\theta(t)$ が満たすべき微分方程式は,

$$\theta''(t) + \frac{g}{l}\theta(t) = \frac{F_0}{ml}\cos(\omega t)$$

となる.

8.2.8 微分方程式の解が教えるブランコ漕ぎの話

- $a = \sqrt{\dfrac{g}{l}}$ はブランコとその位置に関係する量で,漕ぎ手にとっては変更できない.
- 漕ぎ手は外力 $F_0\cos(\omega t)$ の ω を変更できる.例題 8.5 の (1) のように $\omega \neq a$ のままだと,$\theta(t)$ はいつまで経っても大きくできない.
- しかし経験を積み,$\omega = a$ と調節できるようになると,F_0 がどれほど小さく非力な子供が漕ぎ手であっても,t に比例して $\theta(t)$ が大きくなる解が存在するので,ブランコは大きく漕ぐことができるのである.
- これが,指 1 本でお寺の鐘を揺らすことができる理論的根拠でもある.ただしこの方程式には空気抵抗等の摩擦が考慮されていないので,実際の振幅 $\theta(t)$ は無限に大きくなる訳ではない.

8.3 ラジアンなしの三角関数

8.3.1 円周率 π をどう定義するか

- 三角関数の導関数は公式 $\displaystyle\lim_{x\to 0}\frac{\sin x}{x} = 1 \cdots (*)$ を用いて導いた.
- 公式 $(*)$ は角 x をラジアン単位で測るから得られる.ラジアン単位では円周率 π が関係する.

- 円周率は $\dfrac{円周}{直径}$ で，円周の長さは正 n 角形の周の長さの極限で与えられるとすれば，

$$\pi = \lim_{n\to\infty} \frac{正\, n\, 角形}{直径}. \qquad\qquad \cdots\cdots (**)$$

- 半径 1 の円の直径は 2，内接する正 n 角形の周の長さは $2n\sin\left(\dfrac{\pi}{n}\right)$ なので，$(**)$ は $x = \dfrac{\pi}{n}$ と置き換えると

$$\pi = \lim_{n\to\infty} \frac{2n\sin\left(\dfrac{\pi}{n}\right)}{2} = \lim_{n\to\infty} \pi \cdot \frac{\sin\left(\dfrac{\pi}{n}\right)}{\left(\dfrac{\pi}{n}\right)} = \lim_{x\to 0} \pi \cdot \frac{\sin x}{x}.$$

すなわち $(**)$ は $\displaystyle\lim_{x\to 0} \frac{\sin x}{x} = 1$ を意味する（演習問題 8.9 を参照）.

- 円周率 π を $\dfrac{円周の長さ}{直径}$ で定義する限り，$\displaystyle\lim_{\theta\to 0} \frac{\sin\theta}{\theta} = 1$ の証明は，円周の長さが内接多角形の周の長さの極限として存在することに帰着させることができる.

- 一方，π を円周の長さを使わないで定義するやり方もある. 巾級数で（ラジアン単位で測らない）実数 x に対して $\sin x, \cos x$ を定義し，そのゼロ点から π を定義する. この定義から出発し，π が円周率を与え，$\sin x, \cos x$ が単位円周上の点を表す通常のものと一致していることを示すことができる.

8.3.2 巾級数で三角関数を定義する

> **定義 8.6**　実数 $x \in \mathbb{R}$ に対して，$\cos x$ と $\sin x$ を
>
> $$\cos x := c(x) = \sum_{n=0}^{\infty} \frac{(-1)^n}{(2n)!} x^{2n}, \quad \sin x := s(x) = \sum_{n=0}^{\infty} \frac{(-1)^n}{(2n+1)!} x^{2n+1}$$
>
> で定義する.

- $\mathbb{R}$ は実数全体を表し，$x \in \mathbb{R}$ は「x は実数」を意味していた.
- 右辺の級数はすべての $x \in \mathbb{R}$ に対して絶対収束し，何回でも項別微分可能である. 特に連続である. あえて説明しないが，今は認めよう.
- $\cos x = 1 - \dfrac{x^2}{2} + \dfrac{x^4}{4!} - \dfrac{x^6}{6!} + \cdots, \quad \sin x = x - \dfrac{x^3}{3!} + \dfrac{x^5}{5!} - \dfrac{x^7}{7!} + \cdots$ である.
- $\tan x$ は $\tan x = \dfrac{\sin x}{\cos x}$ で定義する.
- 表記を簡単にするため，また，巾級数からすべてを証明していることを意識しておくために，以下しばしば $\cos x, \sin x$ の代わりに $c(x), s(x)$ と書く. サインを微分すればコサインに，コサインを微分すればマイナスサインに，そして $x = 0$ での値がそれぞれ 0 と 1 になる関数は級数（無限個の和）ですぐ作れる. そしてそういうものは唯 1 つしかないというのがこれからの議論の要である.

8.3.3 $c(x), s(x)$ の性質

定理 8.7 $x \in \mathbb{R}$ に対して次が成り立つ.

(1) $s'(x) = c(x), \quad c'(x) = -s(x), \quad s(0) = 0, \quad c(0) = 1$

(2) $s''(x) = -s(x), \quad s(0) = 0, \quad s'(0) = 1$

(3) $c''(x) = -c(x). \quad c(0) = 1, \quad c'(0) = 0$

証明　(1) $s(0) = 0, c(0) = 1$ は明らか.

$$s'(x) = \sum_{n=0}^{\infty} \frac{(-1)^n (x^{2n+1})'}{(2n+1)!} = \sum_{n=0}^{\infty} \frac{(-1)^n (2n+1) x^{2n}}{(2n+1)!} = \sum_{n=0}^{\infty} \frac{(-1)^n x^{2n}}{(2n)!} = c(x).$$

$$c'(x) = \sum_{n=0}^{\infty} \frac{(-1)^n (x^{2n})'}{(2n)!} = \sum_{n=0}^{\infty} \frac{(-1)^n (2n) x^{2n-1}}{(2n)!} = \sum_{n=1}^{\infty} \frac{(-1)^n (2n) x^{2n-1}}{(2n)!}$$

$$= -\sum_{n=1}^{\infty} \frac{(-1)^{n-1} x^{2n-1}}{(2n-1)!} \quad (m = n-1 \text{ と置き換える})$$

$$= -\sum_{m=0}^{\infty} \frac{(-1)^m x^{2m+1}}{(2m+1)!} = -s(x).$$

(2), (3) は (1) より,

$$s''(x) = c'(x) = -s(x), \quad c''(x) = -s'(x) = -c(x),$$

$$s'(0) = c(0) = 1, \quad c'(0) = -s(0) = 0$$

となるから成り立つ.　　　　　　　　　　　　　　　　　　　　　　　　□

8.3.4 微分方程式と初期条件で $c(x), s(x)$ が特徴付けられる

定理 8.8 (解の一意性)　$f \in C^2(\mathbb{R})$ が

$$f''(x) = -f(x), \quad f(0) = f'(0) = 0$$

を満たすならば,

$$f(x) = 0 \quad (\forall x \in \mathbb{R})$$

である.

- $\forall x \in \mathbb{R}$ は「すべての実数 x に対して（成り立つ）」を意味する.
- $f \in C^2(\mathbb{R})$ とは, f が $\mathbb{R}$ 上の C^2- 級関数のクラスに入ること, 即ち $\forall x \in \mathbb{R}$ に対して, $f(x), f'(x), f''(x)$ が存在してすべて連続であることを意味する.
- 連続とはグラフが繋がっていることを意味する.

証明　$F(x) = f(x)^2 + f'(x)^2$ とおく．$F(0) = 0$ である．

$$F'(x) = 2f(x)f'(x) + 2f'(x)f''(x) = 2f(x)f'(x) - 2f'(x)f(x) = 0.$$

よって

$$F(x) = F(0) = 0. \quad \therefore f(x) = 0. \qquad \square$$

8.3.5 ラジアン単位を用いて作った三角関数と巾級数から作った三角関数は全く同じものである

ラジアン単位を用いて定義した $\sin x$ と巾級数から定義した $s(x)$ に対して

$$f(x) = \sin x - s(x)$$

とおくと

$$f''(x) = (\sin x)'' - s''(x) = -\sin x - (-s(x)) = -(\sin x - s(x)) = -f(x).$$

従って $f''(x) = -f(x)$ という微分方程式を満たす．また $f(0) = \sin 0 - s(0) = 0 - 0 = 0$ であり，

$$f'(x) = (\sin x)' - s'(x) = \cos x - c(x), \quad f'(0) = \cos 0 - c(0) = 1 - 1 = 0$$

から初期条件 $f(0) = f'(0) = 0$ も満たす．よって解の一意性定理から $f(x) = 0 \, (\forall x \in \mathbb{R})$ が分かる．コサインについても同様である．タンジェントはどちらも $\dfrac{\text{サイン}}{\text{コサイン}}$ と定義されているから，やはり一致する． $\qquad \square$

8.4 π の解析的な定義

微分方程式と初期条件さえ満たしていれば，三角関数をどう定義しようが全く同じものになることを示した．以下では，三角関数は巾級数で定義されたものとする．$s(x), c(x)$ だけで三角関数のすべての性質が導き出せ，円周率 π も定義できることを示そう．

8.4.1 微分方程式からサイン・コサインの 2 乗和が 1 となることを示す

> **定理 8.9**　すべての実数 x に対して $\sin^2 x + \cos^2 x = 1$ が成り立つ．

証明　$F(x) = s(x)^2 + c(x)^2$ とおく．$F(0) = 1$ である．

$$s(x) = -c'(x), \quad s'(x) = c(x)$$

より

$$F'(x) = 2s(x)s'(x) + 2c(x)c'(x) = -2c'(x)c(x) + 2c(x)c'(x) = 0.$$

$$\therefore F(x) = F(0) = 1. \qquad \square$$

- これより

$$|\cos x| = |c(x)| \leqq 1, \quad |\sin x| = |s(x)| \leqq 1$$

であることに注意する.

8.4.2 コサインは正の最小ゼロ点をもつ

> **定理 8.10** $c(a) = 0$, $a > 0$ を満たす最小の a が存在する.

証明 まず <u>$c(x)$ のゼロ点は少なくとも 1 個ある</u>ことを示す. そこで 1 つもないと仮定すれば, $c(0) = 1$ より, $c(x) > 0 (x \in \mathbb{R})$ が成り立つ. このとき

$$s'(x) = c(x) > 0, \quad s(0) = 0$$

だから, $s(x)$ は単調増加で, $s(x) > 0 \, (x > 0)$ となる. 特に $x > 1$ ならば, $s(x) > s(1) > 0$ である. そこで

$$F(x) = c(1) - c(x) - s(1)(x - 1)$$

は,

$$F(1) = 0, \quad F'(x) = -c'(x) - s(1) = s(x) - s(1) > 0 \quad (x > 1)$$

となるから $F(x) > 0 \, (x > 1)$ が成り立つ. これは $c(x) > 0$ に注意して

$$0 < s(1)(x - 1) < c(1) - c(x) < c(1)$$

を意味し,

$$0 < s(1)(x - 1) < c(1), \quad s(1) > 0$$

が $x > 1$ に対して成り立つ. しかし, x はいくらでも大きくとれるので矛盾が起こる. そこで, 存在が分かった 1 つの零点を a とする. $c(0) = 1$ より $a \neq 0$ であり, $c(x)$ は x^{2n} の和より偶関数なので, $a > 0$ とする.

次に <u>$c(x)$ の正の最小ゼロ点がある</u>ことを示す. そこで 0 に収束する正の零点 $\{a_j\}$ があるとする.

$$c(a_j) = 0, \quad a_j > 0, \quad a_j \to 0 \quad (j \to \infty)$$

より, $c(0) = 0$ となり, $c(0) = 1$ に矛盾する. 以上から定理は証明された. $\square$

8.4.3 コサインの正の最小ゼロ点から円周率 π を定義する

> **定義 8.11 (π の定義)** $c(a) = 0$, $a > 0$ を満たす最小の a に対して, $\pi = 2a$ と定義する.

- コサインの正の最小ゼロ点を $\dfrac{\pi}{2}$ と定義する.
- このように定義された π に対して, 半径 1 の円周の長さが 2π となるという定理を示すことができる.

8.5 三角関数の周期，$y = c(x)$ のグラフの形

無限和で定義された $c(x), s(x)$ が，周期 $2\pi = 4a$ の周期関数であることを示したい．まずは $0 \leqq x \leqq 2\pi = 4a$ の間の $y = c(x)$ のグラフの形を調べる．

8.5.1 $y = c(x) \left(0 \leqq x \leqq a = \dfrac{\pi}{2} \right)$ のグラフの形

> **例題 8.12**　次を示せ．
> (1) $c(0) = 1, c'(0) = 0, c(a) = 0, c'(a) = -1$ であり，$0 < x < a$ で $c(x) > 0$.
> (2) $y = c(x)$ は $0 < x < a$ で単調減少である．
> (3) $y = c(x)$ は $0 < x < a$ で上に凸である．

証明　(1) $c(0) = 1$ は分かっている．$c'(x) = -s(x)$ より $c'(0) = -s(0) = 0$. a の定義より $c(a) = 0$ かつ $0 < x < a$ で $c(x) > 0$ である．これより $s'(x) = c(x) > 0 \,(0 < x < a)$ と分かるから，$s(x)$ はこの区間で単調増加である．そして $s(0) = 0$ から $s(a) > 0$ が分かる．$c(x)^2 + s(x)^2 = 1$ は示しているから，$c(a) = 0$ とあわせて $s(a) = 1$. よって $c'(a) = -s(a) = -1$ となる．

(2) $s'(x) = c(x) > 0 \,(0 < x < a), s(0) = 0$ より，$s(x) > 0 \,(0 < x < a)$. よって $c'(x) = -s(x) < 0 \,(0 < x < a)$.

(3) $c''(x) = -c(x) < 0 \,(0 < x < a)$. □

8.5.2 $y = c(x) \, (a \leqq x \leqq 2a)$ のグラフの形

> **例題 8.13**　$y = c(x)$ のグラフは 点 $(a, 0)$ に関して点対称であることを示せ．

- $y = c(x) \,(a \leqq x \leqq 2a)$ のグラフの形は，$y = c(x) \,(0 \leqq x \leqq a)$ のグラフを点 $(a, 0)$ に関して点対称に移動したものである．

証明　$F(x) = c(a + x) + c(a - x)$ とおく．

$$F(0) = c(a) + c(a) = 0, \quad F'(x) = c'(a + x) - c'(a - x). \quad \therefore F'(0) = 0.$$

また $F''(x) = -F(x)$ が成り立つから，解の一意性より $F(x) = 0$. □

8.5.3 $y = c(x) \, (2a \leqq x \leqq 4a)$ のグラフの形

> **例題 8.14**　$y = c(x)$ のグラフは 直線 $x = 2a$ に関して線対称である．

- $y = c(x) \,(2a \leqq x \leqq 4a)$ のグラフの形は，$y = c(x) \,(0 \leqq x \leqq 2a)$ のグラフを直線 $x = 2a$ に関して折り返したものである．

証明 $F(x) = c(2a + x) - c(2a - x)$ とおく. $y = c(x)$ のグラフは 点 $(a, 0)$ に関して点対称であることを考慮すれば

$$c'(2a) = c'(a) = 0$$

が分かる. これより

$$F(0) = c(2a) - c(2a) = 0, \quad F'(x) = c'(2a + x) + c'(2a - x). \quad \therefore F'(0) = c'(2a) + c'(2a) = 0.$$

また $F''(x) = -F(x)$ が成り立つから, 解の一意性より $F(x) = 0$.   □

8.5.4 三角関数の周期が $c(x)$ のゼロ点から定義した円周率 π で表される

> **定理 8.15** $\sin x, \cos x$ の周期は $2\pi = 4a$ である.

- $y = c(x)\,(0 \leqq x \leqq 4a)$ のグラフの形は分かっており, 周期 $4a$ なので, $y = c(x)$ のグラフが分かったことになる.

証明 $F(x) = c(x) - c(x + 4a)$ とおく. グラフは 直線 $x = 2a$ に関して線対称であるから

$$c(4a) = c(0) = 1, \quad c'(4a) = c'(0) = 0$$

である. よって

$$F(0) = c(0) - c(4a) = 1 - 1 = 0, \quad F'(0) = c'(0) - c'(4a) = 0.$$

また, $F''(x) = -F(x)$ が成り立つから, 解の一意性 より $F(x) = 0$. 即ち

$$c(x) = c(x + 4a).$$

また $0 \leqq x \leqq 4a$ のグラフの形を思い出せば, $c(0) = 1$ で次に $c(x)$ が 1 になる x は $4a$ である. 即ち $4a$ より小さい正の周期は存在しない. これで $c(x)$ の周期は $4a$ であることが証明された. 次に

$$s(x) = -c'(x) = -c'(x + 4a) = s(x + 4a)$$

から, $s(x)$ は周期 $4a$ をもち, $c(x) = -c''(x) = s'(x)$ である. $s(x)$ が $4a$ より小さい正の周期をもてば, $s'(x)$ もそうであるが, $c(x)$ も $4a$ より小さい周期をもつことになり矛盾する. よって $s(x)$ も $4a$ より小さい正の周期をもたない.   □

8.6 加法定理, $y = s(x)$ のグラフ

解の一意性を用いて, 巾級数から定義された三角関数の加法定理を示す. そして加法定理を利用して, $y = c(x)$ のグラフから $y = s(x)$ のグラフが分かることを示そう.

8.6.1 微分方程式から加法定理を導く

定理 8.16 (加法定理)　任意の実数 α, β に対して，

$$(1)\ \sin(\alpha + \beta) = \sin\alpha\cos\beta + \cos\alpha\sin\beta,$$

$$(2)\ \cos(\alpha + \beta) = \cos\alpha\cos\beta - \sin\alpha\sin\beta$$

が成り立つ．

証明　(1) $F(x) = s(x+\beta) - s(x)c(\beta) - c(x)s(\beta)$ とおく．$s(0) = 0$, $c(0) = 1$ より，$F(0) = s(\beta) - s(\beta) = 0$, $s'(x) = c(x), c'(x) = -s(x)$ であったから

$$F'(x) = c(x+\beta) - c(x)c(\beta) + s(x)s(\beta). \quad \therefore F'(0) = c(\beta) - c(\beta) = 0.$$

また $F''(x) = -F(x)$ が成り立つから，解の一意性より，すべての実数 x に対して $F(x) = 0$ が成り立つ．特に $F(\alpha) = 0$ である．これは (1) を示す．

(2) $F(x) = c(x+\beta) - c(x)c(\beta) + s(x)s(\beta)$ とおいて，(1) と同様にすれば良い．　□

8.6.2 $\cos x$ は偶関数，$\sin x$ は奇関数

- $f(-x) = f(x)$ が成り立つ関数を偶関数，$f(-x) = -f(x)$ が成り立つ関数を奇関数という．
- グラフが y 軸に関して対称な関数を偶関数，原点対称な関数を奇関数といっても良い．

例題 8.17　任意の実数 x, α, β に対して次が成り立つことを示せ．
(1) $\cos(-x) = \cos x$
(2) $\sin(-x) = -\sin x$
(3) $\sin(\alpha - \beta) = \sin\alpha\cos\beta - \cos\alpha\sin\beta$
(4) $\cos(\alpha - \beta) = \cos\alpha\cos\beta + \sin\alpha\sin\beta$

証明　(1) 巾級数 $c(x)$ には x^{2n} しか現れないので $c(-x) = c(x)$ である．

(2) 一方 $s(x)$ には x^{2n+1} しか現れないので $s(-x) = -s(x)$ である．

(3) 加法定理と (1), (2) より

$$\sin(\alpha - \beta) = \sin(\alpha + (-\beta)) = \sin\alpha\cos(-\beta) + \cos\alpha\sin(-\beta) = \sin\alpha\cos\beta - \cos\alpha\sin\beta$$

となる．

(4) $\cos x$ についても同様である．　□

8.6.3 $y = \cos x$ のグラフを x 軸方向に $\dfrac{\pi}{2}$ 平行移動すると $y = \sin x$ のグラフになる

例題 8.18　$\sin x = \cos\left(x - \dfrac{\pi}{2}\right)$ を示せ．

証明 $a = \dfrac{\pi}{2}, c(a) = 0, s(a) = 1$ と例題 8.17 の加法定理から

$$c(x - a) = c(x)c(a) + s(x)s(a) = s(x).$$ □

8.7 円周率としての π と $\sin x, \cos x$ の幾何学的解釈

$\sin x, \cos x$ を巾級数から定義し，π は $\cos x$ のゼロ点から定義した．この π が本当に円周率になっていることを示す．

8.7.1 円周のパラメータ表示

> **定理 8.19** 原点中心，半径 1 の単位円 $\{(x, y); x^2 + y^2 = 1\}$ を S^1 と書く．このとき
>
> $$f(t) = (c(t), s(t))$$
>
> で区間 $I = [0, 4a) = [0, 2\pi)$ の点と S^1 の点が 1 対 1 に対応する．

- $[0, 4a)$ は $0 \leqq x < 4a$ を満たす数直線上の点 x の範囲を表す．
- t は $f(t)$ で円周上の点を表す変数なので，パラメータ（媒介変数）と呼ばれる．

証明 $c(t)^2 + s(t)^2 = 1$ を示しているから，$f(t)$ は S^1 上の点である．まず $f(t)$ が 1 対 1 であることを示す．加法定理から

$$c(\alpha + \beta) - c(\alpha - \beta) = -2s(\alpha)s(\beta), \qquad \cdots\cdots (*)$$
$$s(\alpha + \beta) - s(\alpha - \beta) = 2c(\alpha)s(\beta) \qquad \cdots\cdots (**)$$

が得られる．今

$$0 \leqq u \leqq v < 4a, \quad c(u) = c(v), \quad s(u) = s(v)$$

とする．$u = \alpha - \beta, v = \alpha + \beta$ とおいて $(*), (**)$ を使うと，$c(\alpha), s(\alpha)$ は同時に 0 になることはないから

$$s(\beta) = 0$$

が導かれる．$\beta = \dfrac{v - u}{2}$ から

$$0 \leqq \beta < 2a = \pi$$

である．$y = s(x)$ のグラフを思い出せば $\beta = 0$，即ち $u = v$ が得られる．次に $f(t)$ が S^1 のすべての点を表すことを示す．

$$f(0) = (1, 0), \quad f(2a) = (-1, 0)$$

である．そこで $(x, y) \in S^1$，$y \neq 0$ を与える．

$$c(2a) = -1 < x < 1 = c(0)$$

より，グラフは連続なので

$$c(t) = x, \quad 0 < t < 2a$$

を満たす t が定まる．$y > 0$ のときは，$s(t) > 0$ なので

$$s(t) = \sqrt{1 - c(t)^2} = \sqrt{1 - x^2} = y$$

である．よって $f(t) = (x, y)$ である．$y < 0$ のときは，$s(4a - t) < 0$, $2a < 4a - t < 4a$ なので

$$c(4a - t) = c(-t) = c(t) = x,$$

$$s(4a - t) = -\sqrt{1 - c(4a - t)^2} = -\sqrt{1 - x^2} = y$$

が得られる．よってこの場合は，$f(4a - t) = (x, y)$ である．　　　　　　　□

8.7.2　円周の長さを計算する

定理 8.20　単位円の円周の長さは 2π である．

- この定理は，$c(a) = 0, a > 0$ となる最小の a から $\pi = 2a$ と定義した π が本当に**円周率**を与えていることを示す．

証明　$f(t) = (c(t), s(t))$ とおくと，$f(t)$ は単位円周のパラメータ表示を与えている．$f(t)$ を時刻 t における円周上の点の位置と考えると，速度（ベクトル）は x, y 成分をそれぞれ微分した

$$f'(t) = (c'(t), s'(t)) = (-s(t), c(t))$$

で与えられ，その速さは速度の大きさなので

$$|f'(t)| = \sqrt{c'(t)^2 + s'(t)^2} = \sqrt{s(t)^2 + c(t)^2} = 1$$

である．単位円周の長さは $t = 0$ から $t = 4a$ まで速さ 1 で動いた道のりであるから．$1 \times 4a = 4a = 2\pi$ である．　　　　　　　　　　　　　　　　　　　　□

- $f(t) = (c(t), s(t))$ を実数全体 $\mathbb{R}$ で定義された写像と見ることができる．このとき $t = 0$ に対応する点 $A(1, 0)$ から $t = \theta$ に対応する点 $P(c(\theta), s(\theta))$ までの距離（道のり）は，速さ 1 で動くから，$1 \times \theta = \theta$ である．
- この θ を $\angle POA$ の**ラジアン単位**で測った**一般角**と呼んでいる．

演習問題

8.1　次の関数を微分せよ.

(1) $x\sin(2x)$　　(2) $e^{-x}\cos(3x)$　　(3) $\sin^2 x$　　(4) $\cos^2(2x)$　　(5) $\sin^n x$

8.2　$y = A\cos 2x$ が $y'' + 5y = 6\cos 2x$ を満たすように定数 A の値を決めよ.

8.3　$y = Ax\cos 2x$ が $y'' + 4y = 6\sin 2x$ を満たすように定数 A の値を決めよ.

8.4　$y(x) = A\cos(2x) + B\sin(2x)$ が $y(0) = 1, y'(0) = 2$ を満たすように定数 A, B の値を決めよ.

8.5　$y = \cos x$ の $x = \dfrac{\pi}{2}$ における接線の式を求めよ.

8.6　$y = \sin\left(\dfrac{\pi}{2}x\right)$ の $x = 0$ における接線の式を求めよ.

8.7　$y = \cos^2(\pi x)$ の $x = \dfrac{1}{4}$ における接線の式を求めよ.

8.8　次の問いに答えよ.

(1) 曲線 $C : y = \sin x$ の $x = 0$ における接線 L_1 の式を求めよ.

(2) 2点 $(0,0), \left(\dfrac{\pi}{2}, 1\right)$ を通る直線 L_2 の式を求めよ.

(3) $0 \leqq x \leqq \pi$ の範囲で, C, L_1, L_2 のグラフを描け.

(4) $0 < x < \dfrac{\pi}{2}$ の範囲で, $x, \dfrac{2}{\pi}x, \sin x$ の大小関係を述べよ.

8.9　次の問いに答えよ.

(1) 半径 1 の円に内接する正 n 角形の周の長さ S_n を求めよ.

(2) 円周率 π を $\pi = \dfrac{\text{円周の長さ}}{\text{直径}}$ で定義する. 即ち「円周の長さ $= 2\pi = \displaystyle\lim_{n\to\infty} S_n$」を認める. このとき

$$\lim_{\theta\to 0} \frac{\sin\theta}{\theta} = 1$$

が導かれることを示せ.

第 9 章

微分の逆の操作である不定積分を計算する

　微分の逆の操作を積分という．位置を時間で微分すれば速度が得られるから，速度が分かっているときに位置を求めるには積分すれば良い．この場合の積分は不定積分と呼ばれる．定積分と呼ばれる積分もあるが，これは次章で扱う．

9.1 不定積分の定義と記号

9.1.1 不定積分，原始関数

> **定義 9.1（原始関数の定義）** 微分すれば $f(x)$ となる関数 $F(x)$ を，$f(x)$ の **原始関数** という．
>
> $$F'(x) = f(x).$$

- $(x^2)' = 2x$ であるから，x^2 は $2x$ の原始関数である．
- 原始関数は 1 つに定まらない．

$$(x^2)' = 2x, \quad (x^2+1)' = 2x, \quad (x^2+2)' = 2x$$

　から分かるように，x^2, x^2+1, x^2+2 はそれぞれ $2x$ の原始関数である．

9.1.2 原始関数の差は定数のみ

> **例題 9.2** 次を示せ．
> (1) $F(x)$ が $f(x)$ の原始関数ならば，$F(x) + C$ （C は定数） も $f(x)$ の原始関数である．
> (2) $F(x), G(x)$ を $f(x)$ の 2 つの原始関数とすれば，ある定数 C があって
>
> $$G(x) = F(x) + C$$
>
> が成り立つ．

証明　(1) $(F(x) + C)' = F'(x) + (C)' = f(x) + 0 = f(x)$.

(2) $\{G(x) - F(x)\}' = G'(x) - F'(x) = f(x) - f(x) = 0$ である．ここで「すべての x について $f'(x) = 0 \Longrightarrow f(x) = $ 定数」を思い出すと

$$G(x) - F(x) = C. \quad \therefore G(x) = F(x) + C.$$
□

9.1.3　1つに決まらない原始関数全体を不定積分という

> **定義 9.3（不定積分の定義）**　関数 $f(x)$ の原始関数<u>全体</u>を
>
> $$\int f(x)dx$$
>
> という記号で表し，$f(x)$ の**不定積分**という．$f(x)$ の不定積分を求めることを $f(x)$ を**積分す る**という．

- $f(x)$ の原始関数 $F(x)\,(F'(x) = f(x))$ が 1 つ見つかれば，他の原始関数は $F(x) + C$ の形な ので

$$\int f(x)dx = F(x) + C \quad (C \text{ は任意定数})$$

と書くことができる．このとき，C は**積分定数**とよばれる．
- $(x^2)' = 2x$ なので，$\displaystyle\int 2x\,dx = x^2 + C$ である．
- "原始関数" と "不定積分" という言葉は，同じ意味で用いられることも多い．

9.2　不定積分の性質

　不定積分を求めることは微分することの逆の操作なので，微分の公式を逆に読んでいけば不定積 分を求める公式が得られる．

9.2.1　足し算の積分は積分して足す，定数倍の積分は積分して定数倍する

和と定数倍の積分公式

$$\int \{f(x) + g(x)\}dx = \int f(x)dx + \int g(x)dx,$$

$$\int cf(x)dx = c\int f(x)dx \quad (c \text{ は定数})$$

- この公式の意味を理解しよう．
- $f(x)$ と $g(x)$ の原始関数 $F(x), G(x)$ がそれぞれ 1 つずつ見つかったとせよ．

$$F'(x) = f(x), \quad G'(x) = g(x),$$

$$\left(\int f(x)dx = F(x) + C, \quad \int g(x)dx = G(x) + C\right).$$

このとき $f(x) + g(x), cf(x)$ の原始関数はそれぞれ

$$\int \{f(x) + g(x)\}dx = F(x) + G(x) + C, \quad \int cf(x)dx = cF(x) + C$$

で与えられる（この形に限る）といっている.

- 即ち，和と定数倍の積分公式は原始関数の間の関係を述べているのであり，等号は定数を除いて成り立つと理解すべきものである（不定積分は「原始関数全体 = 集合」なので，集合同士の足し算・定数倍は何らかの意味付けが必要なのは当たり前のことであろう）.

- 証明は実際に微分して確かめれば良い.

$$(F(x) + G(x) + C)' = F'(x) + G'(x) = f(x) + g(x),$$
$$(cF(x) + C)' = cF'(x) = cf(x). \qquad \square$$

9.3 不定積分の公式を用いた計算

具体的な関数の微分公式（導関数を求める公式）を不定積分の公式に翻訳すれば次の公式になる.

9.3.1 不定積分の公式は右辺を微分して確かめる

不定積分の公式

$a \neq 0, b, C, n$ は定数とする.

1.
$$\int x^n dx = \frac{1}{n+1}x^{n+1} + C \quad \underline{(n \neq -1)}, \quad \int \frac{1}{x}dx = \log|x| + C$$

2.
$$\int e^x dx = e^x + C, \quad \int e^{ax}dx = \frac{1}{a}e^{ax} + C, \quad \int xe^{ax^2}dx = \frac{1}{2a}e^{ax^2} + C$$

3.
$$\int \sin x dx = -\cos x + C, \quad \int \sin(ax)dx = -\frac{1}{a}\cos(ax) + C$$

4.
$$\int \cos x dx = \sin x + C, \quad \int \cos(ax)dx = \frac{1}{a}\sin(ax) + C$$

5.
$$\int \frac{1}{\cos^2 x}dx = \tan x + C$$

6.
$$\int \frac{f'(x)}{f(x)}dx = \log|f(x)| + C, \quad \int \frac{1}{ax+b}dx = \frac{1}{a}\log|ax+b| + C$$

9.3.2 公式を用いた計算練習

> **例題 9.4**　次の関数の不定積分を求めよ.
>
> $$(1)\, x^3 + \frac{2}{x^2} \qquad (2)\, x\sqrt{x} + \frac{3}{x} \qquad (3)\, (\sin x - \cos x)^2 \qquad (4)\, \sin^2(2x)$$

解　(1) $\displaystyle\int x^n dx = \frac{1}{n+1}x^{n+1} + C$　$\underline{(n \neq -1)}$ を利用する.

$$\int \left(x^3 + \frac{2}{x^2}\right) dx = \int (x^3 + 2x^{-2}) dx = \frac{1}{4}x^4 - 2x^{-1} + C = \frac{1}{4}x^4 - \frac{2}{x} + C.$$

(2) $\displaystyle\int \frac{1}{x}dx = \log|x| + C$ も使う.

$$\int \left(x\sqrt{x} + \frac{3}{x}\right) dx = \int \left(x^{\frac{3}{2}} + \frac{3}{x}\right) dx = \frac{2}{5}x^{\frac{5}{2}} + 3\log x + C = \frac{2}{5}x^2\sqrt{x} + 3\log x + C.$$

(3) 2倍角の公式：$\sin(2\theta) = 2\sin\theta\cos\theta$ を用いて変形してから, $\displaystyle\int \sin(ax)dx = -\frac{1}{a}\cos(ax) + C$ を利用する.

$$\int (\sin x - \cos x)^2 dx = \int (\sin^2 x + \cos^2 x - 2\sin x \cos x) dx$$
$$= \int \{1 - \sin(2x)\} dx = x + \frac{1}{2}\cos(2x) + C.$$

(4) 半角の公式：$\sin^2(\theta) = \dfrac{1 - \cos(2\theta)}{2}$ を用いて変形してから, $\displaystyle\int \cos(ax)dx = \frac{1}{a}\sin(ax) + C$ を利用する.

$$\int \sin^2(2x)dx = \int \frac{1 - \cos(4x)}{2} dx$$
$$= \int \left\{\frac{1}{2} - \frac{1}{2}\cos(4x)\right\} dx = \frac{1}{2}x - \frac{1}{8}\sin(4x) + C. \qquad \square$$

9.3.3 微分した関数を復元したいときは積分する

- 微分して $f(x)$ となる関数（全体）を求めたいときは, $f(x)$ を積分すれば良い.

> **公式**
> $F'(x) = f(x)$ となる $F(x)$ は,
> $$F(x) = \int f(x)dx$$
> で求められる.

- その中で特定の条件を満たすものを探したいときは, 積分定数 C を決める問題となる.

9.3.4 積分定数を決める

例題 9.5 次の条件を満たす $F(x)$ を求めよ.

$$(1)\ F'(x) = \frac{\cos x}{\sin x},\ F\left(\frac{\pi}{2}\right) = 3 \qquad (2)\ F''(x) = 6x,\ F'(0) = 2,\ F(0) = 1$$

解 (1)

$$F(x) = \int \frac{\cos x}{\sin x} dx = \log|\sin x| + C. \quad 3 = F\left(\frac{\pi}{2}\right) = \log\left|\sin\left(\frac{\pi}{2}\right)\right| + C = 0 + C = C.$$

$$\therefore F(x) = \log|\sin x| + 3.$$

(2) 2 回微分しているので 2 回積分して復元する. 積分するたびに積分定数 C が出てくるので, C の値を決めながら進む.

$$F'(x) = \int 6x dx = 3x^2 + C. \quad 2 = F'(0) = C. \quad \therefore F'(x) = 3x^2 + 2.$$

$$F(x) = \int (3x^2 + 2)dx = x^3 + 2x + C. \quad 1 = F(0) = C. \quad \therefore F(x) = x^3 + 2x + 1. \qquad \square$$

9.3.5 a^x を積分する

例題 9.6 $a > 0, a \neq 1$ とする. $(a^x)'$ を計算することにより, a^x の不定積分を求めよ.

証明

$$(a^x)' = \left(e^{\log a^x}\right)' = \left(e^{x\log a}\right)' = e^{x\log a} \times \log a = a^x \log a.$$

よって

$$\left(\frac{1}{\log a} a^x\right)' = a^x$$

が分かったので

$$\int a^x dx = \frac{1}{\log a} a^x + C. \qquad \square$$

9.4 投げ上げ，斜方投射

9.4.1 投げ上げの運動方程式を立てる

時刻 $t = 0$ で質量 m の物体を初速度 v_0 で真上に投げ上げたとき，その後の物体の位置を求めてみよう．ただし，空気抵抗はないと仮定する．時刻 t における物体の位置を $y(t)$ とする．原点を地面に，座標軸を鉛直上方に向けてとる．このとき物体にはたらく重力は下向きなので $-mg$ である．ここで g は重力加速度で，値は 9.8m/s^2. $y(t)$ の満たす運動方程式は

$$my''(t) = -mg, \quad \therefore y''(t) = -g$$

となる．微分方程式に質量 m は入ってこないことに注意する．これは重い物体も軽い物体も運動は同じであることを意味する．実際の物体の運動を決めるには条件が必要である．今の場合は，時刻 0 での物体の位置と速度がそれぞれ $0, v_0$ になるという条件である．これを**初期条件**という．

$$y(0) = 0, \quad y'(0) = v_0 \quad （初期条件）.$$

以上から，物体の位置を時間とともに追跡することは，数学としては次の微分方程式を解くことに帰着された．

9.4.2 投げ上げの微分方程式を解く

例題 9.7 微分方程式
$$y''(t) = -g, \quad y'(0) = v_0, \quad y(0) = 0$$
を解け．ただし，$g > 0, v_0 > 0$ とする．

解 2 回微分しているから，2 回積分して元に戻す．

$$y'(t) = \int (-g)dt = -gt + C. \quad y'(0) = v_0$$

なので

$$v_0 = C. \quad \therefore y'(t) = -gt + v_0.$$

$$y(t) = \int (-gt + v_0)dt = \frac{-1}{2}gt^2 + v_0 t + C_1, \quad y(0) = 0$$

より $0 = C_1$．よって

$$y(t) = \frac{-1}{2}gt^2 + v_0 t. \qquad \square$$

9.4.3 斜方投射の運動方程式を立てる

次は 2 次元の運動を扱ってみる．空気抵抗はないという仮定の下で，時刻 $t = 0$ で質量 m の物体を初速度 $v_0 > 0$ で地面に対して角度 $\theta \left(0 < \theta < \dfrac{\pi}{2} \right)$ で斜めに投げ出したとき，その後の物体の位置を求めてみる．運動方程式は x 軸方向，y 軸方向別々に立てれば良いから

$$mx''(t) = 0, \quad my''(t) = -mg. \quad \therefore x''(t) = 0, \quad y''(t) = -g.$$

となる．再び物体の運動は質量には関係しないことに注意する．

9.4.4 斜方投射の微分方程式を解く

例題 9.8　時刻 $t = 0$ で物体を初速度 $v_0 > 0$ で地面に対して角度 θ $\left(0 < \theta < \dfrac{\pi}{2}\right)$ で斜めに投げ出したとする．このとき時刻 t での物体の位置を (x, y)（地面を x 軸，鉛直方向を y 軸）とするとき，$x = x(t), y = y(t)$ は微分方程式

$$x''(t) = 0, \quad y''(t) = -g,$$

$$x'(0) = v_0 \cos\theta, \quad x(0) = 0, \quad y'(0) = v_0 \sin\theta, \quad y(0) = 0$$

を満たす．次の問いに答えよ．

(1) $x(t), y(t)$ を求めよ．

(2) 物体の動く軌跡の式を求めよ．

(3) 物体が再び地面に落ちる位置を求めよ．

(4) 物体をできるだけ遠くに飛ばすには投げ出す角度 θ はどう決めれば良いか．

解　(1) 例題 9.7 と同じようにして

$$x(t) = tv_0 \cos\theta, \quad y(t) = -\frac{1}{2}gt^2 + tv_0 \sin\theta.$$

(2) $x = tv_0 \cos\theta, \quad y = -\dfrac{1}{2}gt^2 + tv_0 \sin\theta$ から t を消去して

$$y = -\frac{1}{2}g\left(\frac{x}{v_0 \cos\theta}\right)^2 + \left(\frac{x}{v_0 \cos\theta}\right)v_0 \sin\theta = -\frac{g}{2v_0^2 \cos^2\theta}x^2 + \frac{\sin\theta}{\cos\theta}x.$$

(3) (2) で $y = 0$ となるときの $x(\neq 0)$ を求めれば良いから

$$0 = \frac{x}{\cos\theta}\left(-\frac{g}{2v_0^2 \cos\theta}x + \sin\theta\right). \quad \therefore x = \frac{2v_0^2 \sin\theta \cos\theta}{g} = \frac{v_0^2}{g}\sin(2\theta).$$

(4) $\sin(2\theta) = 1$ のとき最大となるので，$\theta = \dfrac{\pi}{4}$.　　　□

9.5 置換積分法

複雑な関数を積分するために，置換積分法と部分積分法と呼ばれる計算法を学ぶ．

9.5.1 置換積分法（変数変換）とは別の文字に置き換えて積分する方法である

置換積分法の公式

$u = g(x)$ によって，x と u についての不定積分には

$$\int f(g(x))g'(x)dx = \int f(u)du$$

の関係が成り立つ．

- 置換積分法の公式は "本来一体であるはずの記号" $\dfrac{du}{dx}$ (u を x で微分した導関数) を "分数と考えて分母を払って計算して良い" といっている. 即ち

$$\frac{du}{dx} = g'(x) \implies du = g'(x)dx$$

という形式的な変形をして, x についての積分を u についての積分に直しても, 結果として正しいと教えている. 正しい結果に辿り着くので, 本書では今後この形式的な変形を用いる.

- 置換積分法は, 合成関数の微分法

$$(F(g(x)))' = F'(g(x))g'(x)$$

を積分の公式に翻訳したものである.

- 実際, その証明は次のようにする. $f(u)$ の 1 つの原始関数を $F(u)$ とおくと, 右辺は

$$\int f(u)du = F(u) + C = F(g(x)) + C$$

を意味する. $F'(u) = f(u)$ だから, 合成関数の微分法から

$$(F(g(x)))' = F'(g(x))g'(x) = f(g(x))g'(x).$$

よって

$$\int f(g(x))g'(x)dx = F(g(x)) + C = \int f(u)du. \qquad \Box$$

9.5.2 置換積分法の公式の使い方を練習する

例題 9.9 次の関数の不定積分を求めよ.

$$(1)\ \sqrt{2x+1} \qquad\qquad (2)\ \frac{x}{\sqrt{1+x^2}}$$

解 (1) $u = 2x + 1$ とおくと

$$\frac{du}{dx} = 2. \quad du = 2dx. \quad \therefore dx = \frac{1}{2}du.$$

よって

$$\int \sqrt{2x+1}\,dx = \int \sqrt{u}\,\frac{1}{2}\,du = \frac{1}{3}u^{\frac{3}{2}} + C = \frac{1}{3}(2x+1)\sqrt{2x+1} + C.$$

(2) $u = 1 + x^2$ とおくと

$$\frac{du}{dx} = 2x. \quad du = 2xdx. \quad \therefore xdx = \frac{1}{2}du.$$

よって

$$\int \frac{x}{\sqrt{1+x^2}}\,dx = \int \frac{1}{\sqrt{u}}\,\frac{1}{2}\,du = \sqrt{u} + C = \sqrt{1+x^2} + C. \qquad \Box$$

9.6 部分積分法

部分積分法は，積の微分公式

$$(f(x)g(x))' = f'(x)g(x) + f(x)g'(x)$$

を積分の公式に翻訳したものである.

9.6.1 積の微分を行い，積分する

> **例題 9.10**　次の問いに答えよ.
> (1) $\displaystyle\int (xe^{2x})'dx$ を求めよ.
> (2) $\displaystyle\int xe^{2x}dx$ を求めよ.

解　(1) $\displaystyle\int F'(x)dx = F(x) + C$ より $\displaystyle\int (xe^{2x})'dx = xe^{2x} + C$.

(2) $I = \displaystyle\int xe^{2x}dx$ とおく. (1) と積の微分公式を用いて

$$\begin{aligned}
xe^{2x} + C = \int (xe^{2x})'dx &= \int (e^{2x} + 2xe^{2x})dx \\
&= \int e^{2x}dx + 2\int xe^{2x}dx \\
&= \frac{1}{2}e^{2x} + 2I
\end{aligned}$$

が分かる. これより $I = \dfrac{1}{2}xe^{2x} - \dfrac{1}{4}e^{2x} + \dfrac{1}{2}C$ である.　□

9.6.2 部分積分法の公式を導く

部分積分法の公式

$$\int f(x)g'(x)dx = f(x)g(x) - \int f'(x)g(x)dx$$

証明　$\displaystyle\int F'(x)dx = F(x) + C$ と積の微分公式：$\{f(x)g(x)\}' = f'(x)g(x) + f(x)g'(x)$ より

$$\begin{aligned}
f(x)g(x) + C = \int \{f(x)g(x)\}'dx &= \int \{f'(x)g(x) + f(x)g'(x)\}dx \\
&= \int f'(x)g(x)dx + \int f(x)g'(x)dx
\end{aligned}$$

となる. 2 つ以上の不定積分に関する等式は積分定数を除いて等しいという約束だったので，これから C を除いた式が部分積分法の公式となっている.　□

9.6.3 部分積分の公式を使う練習をする

> **例題 9.11**　次の関数の不定積分を求めよ.
>
> $$(1)\ xe^{2x} \qquad\qquad (2)\ x\cos x \qquad\qquad (3)\ \log x$$

解　(1)

$$\int xe^{2x}dx = \int x\left(\frac{1}{2}e^{2x}\right)'dx = \frac{x}{2}e^{2x} - \int \frac{1}{2}e^{2x}dx = \frac{x}{2}e^{2x} - \frac{1}{4}e^{2x} + C.$$

(2)

$$\int x\cos x\,dx = \int x\left(\sin x\right)'dx = x\sin x - \int \sin x\,dx = x\sin x + \cos x + C.$$

(3)

$$\int \log x\,dx = \int (x)'\log x\,dx = x\log x - \int x\cdot\frac{1}{x}dx = x\log x - x + C. \qquad\Box$$

演習問題

9.1　次の不定積分を計算せよ.

$$(1)\ \int\left(x+\frac{1}{x}\right)^2 dx \qquad (2)\ \int\left(\sqrt{x}+\frac{1}{\sqrt{x}}\right)^2 dx \qquad (3)\ \int\left(x^2+\frac{1}{x^2}\right)^2 dx$$

$$(4)\ \int\frac{2x+1}{x+3}dx \qquad (5)\ \int e^{2x}dx \qquad (6)\ \int e^{-x}dx \qquad (7)\ \int(e^x+e^{-x})^2dx \qquad (8)\ \int xe^{x^2}dx$$

9.2　次の不定積分を計算せよ.

$$(1)\ \int\sin(2x)dx \qquad (2)\ \int\cos(2x)dx \qquad (3)\ \int\tan x\,dx \qquad (4)\ \int\frac{1}{\cos^2 x}dx$$

$$(5)\ \int\sin^2 x\,dx \qquad (6)\ \int\cos^2 x\,dx \qquad (7)\ \int(\sin(\pi x)+\cos(\pi x))^2dx \qquad (8)\ \int(1+\tan^2 x)dx$$

9.3　次の条件を満たす $F(x)$ を求めよ.

$$(1)\ F'(x)=xe^{-x^2},\ F(0)=0 \qquad (2)\ F'(x)=(\sin x+\cos x)^2,\ F(0)=1$$

9.4　空気抵抗を考えずに時刻 $t=0$ で鉛直上方へ初速度 $v_0>0$ で投げ上げた物体の時刻 t のときの高さを $x(t)$ とすると（地面を原点，鉛直上方を x 軸の正の方向にとって），$x(t)$ は微分方程式

$$x''(t)=-g, x'(0)=v_0, x(0)=0 \quad (g=9.8\,\mathrm{m/s}^2)$$

に従う．このとき

(1) 物体が再び地上に落ちてくるときの速さを求めよ.

(2) 最高点の高さを求めよ.

(3) 最高点の高さが1mとなる初速度 v_0 で，100mを走ると何秒かかるか.

9.5   空気抵抗を考えずに，時刻 $t=0$ において地面に対して角度 θ $\left(0 < \theta < \dfrac{\pi}{2}\right)$ で斜めに初速度 $v_0 > 0$ で投げ出した物体の時刻 t のときの位置を $(x(t), y(t))$ とすると（投げ出した位置を原点，地面を x 軸，鉛直上方を y 軸の正の方向にとって），$x(t), y(t)$ は微分方程式

$$x''(t) = 0,\ x'(0) = v_0 \cos\theta,\ x(0) = 0, \quad \text{および} \quad y''(t) = -g,\ y'(0) = v_0 \sin\theta,\ y(0) = 0$$

に従う．このとき
(1) 物体が最高点に達する時刻を求めよ．
(2) 物体が達する最高点の高さを求めよ．
(3) 再び地面に落ちてくる時刻を求めよ．
(4) 投げ出す角度をうまくとって，投げ出した位置から 10m 以上先に再び落ちてくるようにするには，初速度 v_0 を最低いくら以上とればよいか．

9.6   置換積分法を用いて次の関数の不定積分を求めよ．
(1) $(2x+3)^5$ (2) $\sqrt{3x+1}$ (3) $x\sqrt{x^2+3}$ (4) $\dfrac{1}{\sqrt{1-x}}$ (5) $\dfrac{\log x}{x}$ (6) $\dfrac{1}{x\log x}$

9.7   部分積分法を用いて次の関数の不定積分を求めよ．
(1) xe^{-x} (2) xe^{3x} (3) $x\sin x$ (4) $x\sin^2 x$ (5) $x\sin x\cos x$ (6) $x^2\log x$
(7) $\log(2x+1)$

9.8 a を定数とする．何回でも微分可能な関数 $x(t)$ は，すべての t に対して $x''(t) = a$ を満たし，$x(0) = 0, x'(0) = 15, x(4) = 36$ となっているとする．このとき
(1) a の値を求めよ．
(2) $x'(T) = 0$ となる T と $x(T)$ の値を求めよ．

9.9 a, T を定数とする．何回でも微分可能な関数 $x(t)$ は，すべての t に対して $x''(t) = a$ を満たし，$x(0) = x'(0) = 0, x(T) = 45, x'(T) = 12$ となっているとする．このとき a, T の値を求めよ．

9.10   何回でも微分可能な関数 $x(t), y(t)$ は，すべての t に対して $x''(t) = 0, y''(t) = -8$ を満たし，$x(0) = 0, x'(0) = 5, y(0) = 0, y'(0) = 2$ となっているとする．このとき
(1) $x(t)$ を求めよ．
(2) $y(t)$ を求めよ．
(3) $y = y(t), x = x(t)$ とおく．y を x の 2 次式で表すとき，そのグラフの頂点の座標を求めよ．

第10章

定積分を不定積分の公式を用いて計算する

定積分を原始関数の値の差として導入し，基本的な性質を学ぶ．定積分で面積・体積が計算できることは次章で述べる．

10.1 計算に便利な定義とその意味

10.1.1 原始関数の値の差として定義される定積分

定義 10.1（定積分の定義（暫定版）） $F(x)$ を $f(x)$ の 1 つの原始関数 $(F'(x) = f(x))$ とするとき，

$f(x)$ の区間 $[a, b] (= \{x; a \leqq x \leqq b\})$ での**定積分** $\displaystyle\int_a^b f(x)dx$ を

$$\int_a^b f(x)dx = [F(x)]_a^b = F(b) - F(a)$$

で定義する．

- これは高校での定積分の定義なのだが，このままでは誤りである．次章を見られたい．
- 定積分の値を求めることを，$f(x)$ を区間 $[a, b]$ で**積分する**という．
- 特に微分して，積分すれば元の関数の値の差が得られる．

> **公式**
>
> $$\int_a^b F'(x)dx = [F(x)]_a^b = F(b) - F(a)$$

- **定義 10.1 は原始関数のとり方によらずに決まる．**

  $(\because)$ $f(x)$ の別の原始関数 $G(x)$ を使っても，$G(x) = F(x) + C(C$ は定数$)$ の形なので

  $$[G(x)]_a^b = G(b) - G(a) = (F(b) + C) - (F(a) + C) = F(b) - F(a) = [F(x)]_a^b$$

となり，原始関数をどうとっても 1 つの値に定まる.　　　　　　　　　　□

よって，**定積分の計算には定数 C のない原始関数を使えば良い.**

10.2 定積分の基本的な性質

10.2.1 a から a の積分値は 0，積分の上端下端を入れ替えると (-1) 倍される

公式

$$(1)\ \int_a^a f(x)dx = 0 \qquad (2)\ \int_b^a f(x)dx = -\int_a^b f(x)dx$$

証明　(1) $\displaystyle\int_a^a f(x)dx = [F(x)]_a^a = F(a) - F(a) = 0,$

(2) $\displaystyle\int_b^a f(x)dx = [F(x)]_b^a = F(a) - F(b) = -\{F(b) - F(a)\}$

$$= -[F(x)]_a^b = -\int_a^b f(x)dx.$$
　　　　　　　　　　□

10.2.2 足し算の記号 $(+)$ と定数倍は，積分記号 $\displaystyle\int$ の外に出せる

公式

(1) $\displaystyle\int_a^b \{f(x) + g(x)\}dx = \int_a^b f(x)dx + \int_a^b g(x)dx$

(2) $\displaystyle\int_a^b cf(x)dx = c\int_a^b f(x)dx \quad (c\ \text{は定数})$

証明　(1) $f(x), g(x)$ の原始関数をそれぞれ $F(x), G(x)$ とする.

$$F'(x) = f(x), \quad G'(x) = g(x).$$

このとき

$$(F(x) + G(x))' = F'(x) + G'(x) = f(x) + g(x)$$

より，$F(x) + G(x)$ は $f(x) + g(x)$ の原始関数である. よって定積分の定義から

$$\int_a^b \{f(x) + g(x)\}dx = [F(x) + G(x)]_a^b = (F(b) + G(b)) - (F(a) + G(a))$$

$$= (F(b) - F(a)) + (G(b) - G(a)) = [F(x)]_a^b + [G(x)]_a^b$$

$$= \int_a^b f(x)dx + \int_a^b g(x)dx.$$

(2)

$$(cF(x))' = cF'(x) = cf(x)$$

より，$cF(x)$ は $cf(x)$ の原始関数である．よって定積分の定義から

$$\int_a^b cf(x)dx = [cF(x)]_a^b = cF(b) - cF(a)$$
$$= c(F(b) - F(a)) = c[F(x)]_a^b$$
$$= c\int_a^b f(x)dx. \qquad \square$$

10.2.3 積分範囲を分割することができる

公式

$a < c < b$ とする．

$$\int_a^b f(x)dx = \int_a^c f(x)dx + \int_c^b f(x)dx$$

証明 $f(x)$ の原始関数を $F(x)$ とする．

$$\int_a^b f(x)dx = [F(x)]_a^b = F(b) - F(a)$$
$$= (F(c) - F(a)) + (F(b) - F(c)) = [F(x)]_a^c + [F(x)]_c^b$$
$$= \int_a^c f(x)dx + \int_c^b f(x)dx. \qquad \square$$

10.3 定積分の定義（暫定版）に対する注意

前節までに述べた定積分の定義は，原始関数（不定積分）の値の差という計算に便利な定義である．しかし，原始関数が存在しない関数の定積分は定義しないといっているので，扱える関数の範囲が狭すぎるのである．

10.3.1 原始関数が存在しない不連続関数の例

- $x = 0$ で不連続な関数

$$f(x) = \begin{cases} -1 & (x < 0) \\ 1 & (x \geqq 0) \end{cases}$$

の 0 を含む区間での原始関数は存在しないことが分かるので，この区間での $f(x)$ の定積分は考えられないことになる．

- 実際，$F(x)$ が $f(x)$ の原始関数とする．すると，すべての x について $F'(x) = f(x)$ が成り立たないといけない．特に

$$F'(x) = \begin{cases} -1 & (x < 0) \\ 1 & (x > 0) \end{cases}$$

となる．これから

$$F(x) = \begin{cases} -x + C_1 & (x < 0) \\ x + C_2 & (x > 0) \end{cases}$$

の形でなければならない.

- **微分可能な関数は連続である**ことに注意する. $h \to 0$ のとき

$$F(a+h) - F(a) = F'(a)h + (h^2 以上の項) \to 0$$

となる. よって, $F(-0) = F(+0)$ から, $C_1 = C_2 (= C)$ でなければならないので

$$F(x) = |x| + C$$

の形である. ただし $F(+0)$ は x を右から, $F(-0)$ は x を左から 0 に近づけたときの, $F(x)$ の極限を表す.

- しかし, この $F(x)$ は $x = 0$ で角があるので微分できない. これは矛盾なので, $f(x)$ の原始関数はないと分かる.
- 不連続な関数の積分は, 原始関数が存在する区間に分けて計算すれば, 応用上は間に合う. この例では例えば

$$\int_{-1}^{3} f(x)dx = \int_{-1}^{0}(-1)dx + \int_{0}^{3}1dx = [-x]_{-1}^{0} + [x]_{0}^{3} = -1 + 3 = 2.$$

のように計算すれば良い.

10.4 不定積分の公式を用いた定積分の計算

不定積分の公式を思い出しながら定積分の計算練習をしよう. 定積分は値なので, 原始関数に数値を代入した後の計算にも注意が必要な場合が出てくる.

10.4.1 不定積分の公式を使う（原始関数が分かる場合）

例題 10.2　次の積分を計算せよ.

(1) $\displaystyle\int_{0}^{3}\left(x^2 - \frac{x}{2} + 3\right)dx$ 　(2) $\displaystyle\int_{1}^{2}\sqrt{x}dx$ 　(3) $\displaystyle\int_{1}^{2}\frac{4}{x^3}dx$ 　(4) $\displaystyle\int_{0}^{\log 2}(e^x + e^{-x})dx$

(5) $\displaystyle\int_{0}^{1}xe^{x^2}dx$ 　(6) $\displaystyle\int_{-3}^{-2}\frac{1}{2x+1}dx$ 　(7) $\displaystyle\int_{0}^{1}\frac{x^2}{1+x^3}dx$ 　(8) $\displaystyle\int_{0}^{\pi}\cos^2 x dx$

解　(1) $\displaystyle\int x^n dx = \frac{1}{n+1}x^{n+1}(n \neq -1)$ より,

$$\int_{0}^{3}\left(x^2 - \frac{x}{2} + 3\right)dx = \left[\frac{1}{3}x^3 - \frac{x^2}{4} + 3x\right]_{0}^{3} = 9 - \frac{9}{4} + 9 = \frac{63}{4}.$$

(2) $\sqrt{x} = x^{\frac{1}{2}}$ と $\displaystyle\int x^n dx = \frac{1}{n+1}x^{n+1}(n \neq -1)$ （n は分数でも良い）より,

$$\int_{1}^{2}\sqrt{x}dx = \int_{1}^{2}x^{\frac{1}{2}}dx = \left[\frac{2}{3}x^{\frac{3}{2}}\right]_{1}^{2} = \frac{2}{3}(2\sqrt{2} - 1).$$

(3) $\dfrac{1}{x^3} = x^{-3}$ と $\displaystyle\int x^n dx = \frac{1}{n+1}x^{n+1}(n \neq -1)$ （n は負の数でも良い）より,

$$\int_{1}^{2}\frac{4}{x^3}dx = 4\int_{1}^{2}x^{-3}dx = 4\left[\frac{-1}{2}x^{-2}\right]_{1}^{2} = -2\left[\frac{1}{x^2}\right]_{1}^{2} = -2\left(\frac{1}{4} - 1\right) = \frac{3}{2}.$$

(4) $\displaystyle\int e^{kx}dx = \frac{1}{k}e^{kx}$ と $e^{\log x} = x, \log x^r = r\log x$ より，

$$\int_0^{\log 2}(e^x + e^{-x})dx = [e^x - e^{-x}]_0^{\log 2} = e^{\log 2} - 1 - e^{-\log 2} + 1$$

$$= e^{\log 2} - e^{\log 2^{-1}} = 2 - \frac{1}{2} = \frac{3}{2}.$$

(5) $(e^{f(x)})' = e^{f(x)}f'(x)$ より，$\left(\dfrac{1}{2}e^{x^2}\right)' = \dfrac{1}{2}e^{x^2}\cdot 2x = xe^{x^2}$ と原始関数が分かるから，

$$\int_0^1 xe^{x^2}dx = \int_0^1\left(\frac{1}{2}e^{x^2}\right)'dx = \left[\frac{1}{2}e^{x^2}\right]_0^1 = \frac{1}{2}(e-1).$$

(6) $(\log f(x))' = \dfrac{f'(x)}{f(x)}$ より，$\dfrac{1}{2}\dfrac{(2x+1)'}{2x+1} = \dfrac{1}{2}\cdot\dfrac{2}{2x+1} = \dfrac{1}{2x+1}$ と原始関数が分かるから，

$$\int_{-3}^{-2}\frac{1}{2x+1}dx = \frac{1}{2}\int_{-3}^{-2}\frac{(2x+1)'}{2x+1}dx = \frac{1}{2}[\log|2x+1|]_{-3}^{-2}$$

$$= \frac{1}{2}(\log 3 - \log 5) = \frac{1}{2}\log\frac{3}{5}.$$

(7) $(\log f(x))' = \dfrac{f'(x)}{f(x)}$ より，$\dfrac{1}{3}\dfrac{(1+x^3)'}{1+x^3} = \dfrac{1}{3}\cdot\dfrac{3x^2}{1+x^3} = \dfrac{x^2}{1+x^3}$ と原始関数が分かるから，

$$\int_0^1\frac{x^2}{1+x^3}dx = \frac{1}{3}\int_0^1\frac{3x^2}{1+x^3}dx = \frac{1}{3}\int_0^1\frac{(1+x^3)'}{1+x^3}dx$$

$$= \frac{1}{3}[\log(1+x^3)]_0^1 = \frac{1}{3}\log 2.$$

(8) 半角公式 $\cos^2 xdx = \dfrac{1+\cos(2x)}{2}$ より，不定積分 $\displaystyle\int\cos(kx)dx = \dfrac{1}{k}\sin(kx)$ が分かる式に直せるから，

$$\int_0^\pi\cos^2 xdx = \int_0^\pi\frac{1+\cos(2x)}{2}dx = \int_0^\pi\left\{\frac{1}{2} + \frac{1}{2}\cos(2x)\right\}dx$$

$$= \left[\frac{1}{2}x + \frac{1}{4}\sin(2x)\right]_0^\pi = \frac{\pi}{2}. \qquad\qquad\square$$

10.4.2 区間に分けて積分する

例題 10.3　次の積分を計算せよ.

$$(1)\ \int_0^4 |x-3|dx \qquad\qquad (2)\ \int_0^1 |e^x - 2|dx$$

解　$|x| = \begin{cases} x & (x \geqq 0) \\ -x & (x \leqq 0) \end{cases}$ であるから，絶対値の中が 0 となる x を境に場合分けをする.

(1) $|x-3| = \begin{cases} x-3 & (x \geqq 3) \\ -(x-3) = -x+3 & (x \leqq 3) \end{cases}$ であるから

$$\int_0^4 |x-3| dx = \int_0^3 (-x+3) dx + \int_3^4 (x-3) dx = \left[-\frac{1}{2}x^2 + 3x \right]_0^3 + \left[\frac{1}{2}x^2 - 3x \right]_3^4$$

$$= -\frac{9}{2} + 9 + 8 - 12 - \frac{9}{2} + 9 = 5.$$

(2) $e^x - 2 = 0$ を解く．$e^x = 2$ より $x = \log 2$ を境に場合分けをする．
$0 = \log 1 < \log 2 < \log e = 1 (e = 2.718\ldots)$ である．

$$|e^x - 2| = \begin{cases} e^x - 2 & (x \geqq \log 2) \\ -(e^x - 2) = -e^x + 2 & (x \leqq \log 2) \end{cases}$$

であるから

$$\int_0^1 |e^x - 2| dx = \int_0^{\log 2} (-e^x + 2) dx + \int_{\log 2}^1 (e^x - 2) dx = [-e^x + 2x]_0^{\log 2} + [e^x - 2x]_{\log 2}^1$$

$$= -e^{\log 2} + 2\log 2 + 1 + e - 2 - e^{\log 2} + 2\log 2$$

$$= -2 + 2\log 2 + 1 + e - 2 - 2 + 2\log 2 = e + 4\log 2 - 5. \qquad \square$$

演習問題

10.1　次の定積分を計算せよ．

(1) $\displaystyle\int_4^9 \frac{1}{x\sqrt{x}} dx$ 　　　　　(2) $\displaystyle\int_0^{\log 2} e^{-3x} dx$ 　　　　　(3) $\displaystyle\int_0^4 \frac{1}{2x+1} dx$

(4) $\displaystyle\int_0^2 |x-1| dx$ 　　　　　(5) $\displaystyle\int_1^3 \left(\frac{x^2}{3} - \frac{3}{x^2} \right) dx$ 　　　(6) $\displaystyle\int_0^{\log 2} (e^x - e^{-x})^2 dx$

(7) $\displaystyle\int_1^2 \left(\sqrt{x} + \frac{1}{\sqrt{x}} \right)^2 dx$ 　　(8) $\displaystyle\int_0^2 |x^2 - x| dx$

10.2　どの変数について積分しているか注意して，次の定積分を計算せよ（積分する変数以外の文字は定数とみなす）．

(1) $\displaystyle\int_1^3 \frac{x^2}{y^2} dx$ 　　　(2) $\displaystyle\int_1^3 \frac{x^2}{y^2} dy$ 　　　(3) $\displaystyle\int_0^1 e^{x+2y} dy$

10.3　次の定積分を計算せよ．

(1) $\displaystyle\int_0^{\frac{\pi}{4}} \sin(2x) dx$ 　(2) $\displaystyle\int_0^{\frac{\pi}{3}} \cos(2x) dx$ 　(3) $\displaystyle\int_{\frac{\pi}{6}}^{\frac{\pi}{4}} \tan x\, dx$ 　(4) $\displaystyle\int_0^{\frac{\pi}{3}} \frac{1}{\cos^2 x} dx$

(5) $\displaystyle\int_0^{\frac{\pi}{6}} \sin^2 x\, dx$ 　　(6) $\displaystyle\int_0^{\frac{\pi}{4}} \cos^2 x\, dx$ 　　(7) $\displaystyle\int_0^1 (\sin(\pi x) + \cos(\pi x))^2 dx$

(8) $\displaystyle\int_{\frac{\pi}{6}}^{\frac{\pi}{4}} (1 + \tan^2 x) dx$

10.4　次の問いに答えよ.

(1) $\dfrac{6x+5}{2x^2+3x+1}=\dfrac{A}{2x+1}+\dfrac{B}{x+1}$ を満たす定数 A,B を求めよ.

(2) $\displaystyle\int_0^1 \dfrac{6x+5}{2x^2+3x+1}dx$ を計算せよ.

10.5　次の問いに答えよ. $a>0$ とする.

(1) $\dfrac{1}{x^2-a^2}=\dfrac{A}{x-a}+\dfrac{B}{x+a}$ を満たす定数 A,B を求めよ.

(2) $\displaystyle\int_{2a}^{3a} \dfrac{1}{x^2-a^2}dx$ を求めよ.

10.6　$f(x)$ を -1 から 2 まで積分し, $6x$ を加えると $f(x)$ と等しくなった. $f(x)$ を求めよ.

10.7　$f(x)$ を 0 から 2 まで積分し, $4x$ を加えると $f(x)$ と等しくなった. $f(x)$ を求めよ.

第11章

無限和の計算に定積分を利用する

　リーマン和の極限とする，本来の定積分の定義を述べ，それが面積を表すことを見る．さらに，ある種の無限和を計算するのに定積分が利用できることを学ぼう．この考え方から，体積や表面積等も定積分で計算できることが分かるであろう．

11.1 定積分を定義する

11.1.1 定積分は有界閉区間で定義された有界関数を対象とする

- **有界閉区間**とは，$a \leqq x \leqq b$ の形の無限に伸びない端を含んだ範囲のことである．
- **有界関数** $f(x)$ とは，無限に大きくならない（ある定数 $M > 0$ があって $|f(x)| \leqq M$ となる）関数のことである．

11.1.2 リーマン和を作る

- 区間 $a \leqq x \leqq b$ を n 分割する．

$$a = x_0 < x_1 < x_2 < \cdots < x_{n-1} < x_n = b.$$

- 各小区間の幅を

$$\Delta x_j = x_j - x_{j-1} \quad (j = 1, 2, 3, \ldots, n)$$

とおく．

- 各小区間 $x_{j-1} \leqq x \leqq x_j$ $(j = 1, 2, 3, \ldots, n)$ から点

$$z_j \ (x_{j-1} \leqq z_j \leqq x_j \ ; \ j = 1, 2, 3, \ldots, n)$$

を取り出す．

- そして，**リーマン和**と呼ばれる

$$S_\Delta = \sum_{j=1}^{n} f(z_j) \Delta x_j$$

を作る．

- リーマン和とは，「$(f(x)$ の値) $\times$ (区間幅) の和」のことである．

11.1.3 リーマン和の極限が定積分

> **定義 11.1（定積分の定義）**　分割を限りなく細かくするとき，リーマン和 S_Δ が 分割の仕方，点 z_j のとり方によらず 1 つの値に近づくならば，その値を $f(x)$ の区間 $a \leqq x \leqq b$ 上の定積分といい，
>
> $$\int_a^b f(x)dx$$
>
> と表す．

- 有界閉区間上の有界関数で不連続点が有限個しかないならば，定義 11.1 の意味で定積分が存在することが知られている．
- 特に，**連続関数の有限区間の定積分は存在する**．
- また，定積分が存在するための必要十分条件も知られている．

11.1.4 z_j を小区間の端点にとったリーマン和（の極限）を求めるには，定積分を利用すれば良い

> **公式**
>
> 　積分可能な $f(x)$ に対して，区間 $a \leqq x \leqq b$ を n 分割し，各区間幅が 0 となるように n を大きくするとき，
>
> $$\lim_{n \to \infty} \sum_{j=1}^n f(x_j)\Delta x_j = \lim_{n \to \infty} \sum_{j=1}^n f(x_{j-1})\Delta x_j = \int_a^b f(x)dx$$
>
> が成り立つ．

- これは定積分の定義において，z_j をそれぞれ x_j, x_{j-1} にとったものである．
- $\sum$ を $\int$ に，Δx_j を dx に直して，x が動く $a \leqq x \leqq b$ の範囲の定積分に置き換えると良いと覚えておく．これが積分記号のルーツである．

11.1.5 定積分とは足し算であり，原始関数の端点の値だけで定まる

　リーマン和の極限として定義した定積分から，原始関数の値の差という我々の計算に便利な定義がどのように出てくるのか示しておこう．

> **定理 11.2（微積分学の基本定理）**　$f(x)$ は積分可能で，原始関数 $F(x)$ をもつとする．このとき
>
> $$\int_a^b f(x)dx = [F(x)]_a^b = F(b) - F(a), \quad F'(x) = f(x)$$
>
> が成り立つ．

証明のアイデア

- 区間 $a \leqq x \leqq b$ を $a = x_0 < x_1 < x_2 < \cdots < x_{n-1} < x_n = b$ と n 分割し，$\Delta x_j = x_j - x_{j-1}\,(j = 1, 2, 3, \ldots, n)$ とおく．各 Δx_j は十分小さいとしておく．

- $a = x_0, b = x_n$ に注意して

$$F(b) - F(a) = \sum_{j=1}^{n} \{F(x_j) - F(x_{j-1})\}$$

と書き換えることができる．

- $F'(x) = f(x)$ より，h が十分小さいとき

$$F(x + h) = F(x) + F'(x)h + o(h) \fallingdotseq F(x) + f(x)h$$

と近似する．

- $x = x_{j-1}, h = \Delta x_j = x_j - x_{j-1}$ にとれば $x + h = x_j$ であるから

$$F(x_j) - F(x_{j-1}) = F(x + h) - F(x) = f(x)h = f(x_{j-1})\Delta x_j$$

となる．

- よって

$$F(b) - F(a) = \sum_{j=1}^{n} f(x_{j-1})\Delta x_j$$

と近似することができる．

- そこで，さらに分割を細かくすれば，上式の右辺は $\int_a^b f(x)dx$ に近づくので

$$\int_a^b f(x)dx = F(b) - F(a) \qquad\qquad \cdots\cdots(*)$$

が成り立つ． □

- リーマン和の極限を原始関数の差で表す $(*)$ は，定積分の計算の基礎となる重要な等式であるので，**微積分学の基本定理**と呼ばれている．

- 前章で高校での定積分の定義「原始関数の値の差」が誤りであるといった理由を述べておこう．不連続関数でも積分できるように，リーマン和の極限として定積分を定義した（リーマン積分という）．これで不連続点が有限個あっても（ルベーグ測度 0 なら無限個でも）積分できることになった．しかし厄介なことに，微分できてもその導関数は，不連続点が多すぎて（ルベーグ測度正），積分できない（リーマン積分可能ではない）関数が存在するのである．例えば吉田洋一『ルベグ積分入門』（ちくま学芸文庫）にヴォルテラ (Volterra) の反例（導関数は有界な可測関数なのでルベーグ積分可能ではある）が載っている．よって，原始関数 $F(x)$ が存在しても，$f(x) = F'(x)$ が積分可能であることを確かめないと微積分学の基本定理は成り立たないのである．

11.2 定積分は面積を表す

　リーマン和は長方形の面積の和なので，その極限は $y = f(x)$ と x 軸で挟まれた $a \leqq x \leqq b$ の部分の面積を表す（正確には積分で面積を定義する）．

11.2.1 リーマン和を図示する

- $y = f(x) = x^2$ に対して，$0 \leqq x \leqq 1$ の範囲でリーマン和を図示してみよう．区間をそれぞれ 10, 20, 50, 100 等分し，z_j は左端の点にとる.

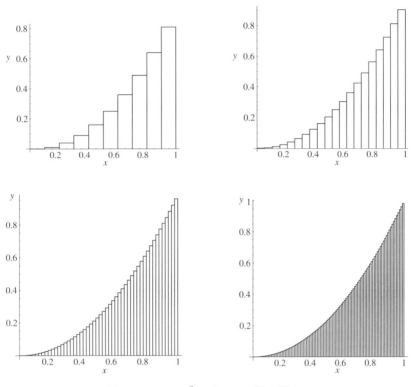

図 11.1 $y = x^2$ のリーマン和のグラフ

11.2.2 リーマン和を計算する

> **例題 11.3** $y = f(x) = x^2$ に対して，区間 $0 \leqq x \leqq 1$ を n 等分した場合のリーマン和を $S_n = \displaystyle\sum_{j=1}^{n} f(z_j)\Delta x_j$ とする．ただし，z_j は各小区間の左端の点にとる．このとき
> (1) S_n を求めよ.
> (2) $\displaystyle\lim_{n\to\infty} S_n$ を求めよ.
> (3) $\displaystyle\int_0^1 f(x)dx$ を求めよ.

解 (1) 区間 $0 \leqq x \leqq 1$ を n 等分するから，

$$z_j = \frac{j-1}{n}, \quad \Delta x_j = \frac{1}{n} \quad (j = 1, 2, 3, \ldots, n)$$

である．よって2乗和の公式

$$1^2 + 2^2 + 3^2 + 4^2 + \cdots + n^2 = \frac{1}{6}n(n+1)(2n+1)$$

を用いると

$$S_n = \sum_{j=1}^{n} (z_j)^2 \Delta x_j = \sum_{j=1}^{n} \frac{(j-1)^2}{n^2} \cdot \frac{1}{n} = \frac{1}{n^3} \sum_{j=1}^{n} (j-1)^2$$

$$= \frac{1}{n^3} \{1^2 + 2^2 + 3^2 + 4^2 + \cdots + (n-1)^2\} = \frac{1}{n^3} \frac{1}{6} (n-1)n(2n-1) = \frac{1}{6} \left(1 - \frac{1}{n}\right) \left(2 - \frac{1}{n}\right)$$

となる.

(2) これより, $n \to \infty$ とすれば

$$S_n = \frac{1}{6} \left(1 - \frac{1}{n}\right) \left(2 - \frac{1}{n}\right) \to \frac{1}{3}.$$

(3) $\displaystyle \int_0^1 x^2 dx = \left[\frac{1}{3}x^3\right]_0^1 = \frac{1}{3} = 0.3333\cdots.$ □

- ちなみに

$$S_{10} = 0.285, \quad S_{20} = 0.30875, \quad S_{50} = 0.3234, \quad S_{100} = 0.32835$$

である.

11.2.3 リーマン和の極限を定積分で表す

> **例題 11.4**　積分可能な $f(x)$ に対して, 次の等式を示せ.
>
> $$\lim_{n \to \infty} \frac{1}{n} \left\{ f\left(\frac{1}{n}\right) + f\left(\frac{2}{n}\right) + f\left(\frac{3}{n}\right) + \cdots + f\left(\frac{n}{n}\right) \right\} = \int_0^1 f(x)dx.$$

証明　区間 $0 \leqq x \leqq 1$ を n 等分し, z_j を各小区間の右端の点にとった場合の $y = f(x)$ のリーマン和 S_n は,

$$z_j = \frac{j}{n}, \quad \Delta x_j = \frac{1}{n} \quad (j = 1, 2, 3, \ldots, n)$$

なので,

$$S_n = f\left(\frac{1}{n}\right) \times \frac{1}{n} + f\left(\frac{2}{n}\right) \times \frac{1}{n} + f\left(\frac{3}{n}\right) \times \frac{1}{n} + \cdots + f\left(\frac{n}{n}\right) \times \frac{1}{n}$$

$$= \frac{1}{n} \left\{ f\left(\frac{1}{n}\right) + f\left(\frac{2}{n}\right) + f\left(\frac{3}{n}\right) + \cdots + f\left(\frac{n}{n}\right) \right\}$$

となる. 即ち, 例題 11.4 の等式の左辺は, 区間 $0 \leqq x \leqq 1$ を n 等分した場合の $y = f(x)$ のリーマン和 S_n の極限を表しているので, その値は定積分

$$\int_0^1 f(x)dx$$

である. □

11.3 円の面積を計算する

11.3.1 微小幅の円環を長方形で近似して足し合わせる

- 半径 a の円の面積を求める．円を細かい円環の面積の和と考える．
- 半径 r で微小な幅 Δr の円環の面積は，長方形で近似して $2\pi r \Delta r$ である．

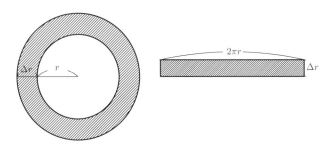

図 11.2　半径 r の円の面積の微小部分

- よって，図 11.2 の和は定積分で置き換えて計算して（Δr_j とすべきだが省略），

$$\left\lceil \sum 2\pi r \Delta r \right\rfloor \text{の極限} = \int_0^a 2\pi r\, dr = \left[\pi r^2\right]_0^a = \pi a^2.$$ □

11.3.2 なぜ細い長方形で近似して正しい答えが出るのか？

　ここまでの話では，$\displaystyle\sum_{j=1}^n f(x_j)\Delta x_j$，または $\displaystyle\sum_{j=1}^n f(x_{j-1})\Delta x_j$ の $n \to \infty$ としたときの極限は $\displaystyle\int_a^b f(x)dx$ で与えられるといっているだけで，上の話の円環を長方形で置き換えて良いという理由は示されていない．このことを少し詳しく検証する．

- 「**問題**：半径 a の円の面積をリーマン和の極限として求めよ」であった．
- 半径 a を n 等分して，n 個の円環を作る．半径が $\dfrac{a}{n}(j-1)$ から $\dfrac{a}{n}j$ の円環の面積を $S_j\,(j=1,2,\ldots,n)$ とする．

$$S_j = \pi\left(\frac{a}{n}j\right)^2 - \pi\left(\frac{a}{n}(j-1)\right)^2 = \frac{\pi a^2}{n^2}(2j-1)$$

である．

- 円環の面積 S_j を

　縦の長さ（半径）：$\dfrac{a}{n}j - \dfrac{a}{n}(j-1) = \dfrac{a}{n}$,　横の長さ（円周）：$2\pi \times \dfrac{a}{n}(j-1) = \dfrac{2\pi a}{n}(j-1)$

　の長方形の面積 T_j で近似する．

- その 1 つ分の誤差 ε_j は

$$\varepsilon_j = S_j - T_j = \frac{\pi a^2}{n^2}(2j-1) - \frac{2\pi a^2}{n^2}(j-1) = \frac{\pi a^2}{n^2}$$

　となる．

- よって

$$\sum_{j=1}^n T_j = \sum_{j=1}^n S_j - \sum_{j=1}^n \varepsilon_j = \pi a^2 - \frac{\pi a^2}{n^2} \times n \to \pi a^2 \ (n \to \infty) \qquad \cdots\cdots(*)$$

が得られる.

- 一方，$x_j = \dfrac{a}{n} \cdot j \, (j = 1, 2, 3, \ldots, n)$ とおくと

$$\Delta x_j = x_j - x_{j-1} = \frac{a}{n}, \quad T_j = \frac{2\pi a^2}{n^2}(j-1) = 2\pi x_{j-1} \cdot \Delta x_j$$

と表せるから，

$$\lim_{n \to \infty} \sum_{j=1}^{n} T_j = \lim_{n \to \infty} \sum_{j=1}^{n} 2\pi x_{j-1} \cdot \Delta x_j = \int_0^a 2\pi x \, dx \qquad \cdots\cdots (**)$$

も分かる.

- $(*), (**)$ から次のことが分かった. n 個の微小な S_j に分割し，長方形 T_j で近似するとき，1 つ分の誤差 ε_j は $\dfrac{1}{n^2}$ 程度になる. よって n 個の誤差が積み重なってもまだ $\dfrac{1}{n}$ 程度なので，$n \to \infty$ とすれば誤差の集積は消える. こういうメカニズムがはたらいているので，微小な量を足し合わせるときは，大胆に長方形または直方体など単純なもので置き換えて計算しても正しい答えに到達するのである.

11.4　球の表面積を計算する

半径 r の球の表面積を求める. リンゴの皮剥きのようにして表面積を求める.

11.4.1　薄皮を長方形で近似して足し合わせる

- x 軸の正の方向より測った角度 θ から，微小な角度 $\Delta\theta$ の部分を切り取る.
- 切り取った部分は，$\Delta\theta$ が微小なときは幅 $r\Delta\theta$，長さ $2\pi r \sin\theta$ の長方形と考えて，その面積は

$$r\Delta\theta \times 2\pi r \sin\theta = 2\pi r^2 \sin\theta \Delta\theta$$

となる.

- 表面積は，これらの微小な部分の面積の和なので，

$$\sum 2\pi r^2 \sin\theta \Delta\theta \text{の極限} = \int_0^\pi 2\pi r^2 \sin\theta \, d\theta$$
$$= \left[-2\pi r^2 \cos\theta \right]_0^\pi = -2\pi r^2 (\cos\pi - \cos 0) = 4\pi r^2. \qquad \square$$

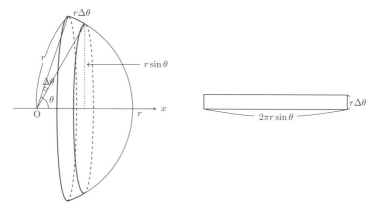

図 11.3 半径 r の球の表面積の微小部分

11.5 球の体積を計算する

半径 a の球の体積を求める．タマネギの皮剥きを想像しよう．タマネギの皮を貼り合わせていくと丸いタマネギが再現される．

11.5.1 表面積に厚みをつけて足し合わせる

- 半径 r の表面積 $4\pi r^2$ に微小な厚み Δr をつけた薄皮の体積の和（の極限）として，球の体積を求める．
- 薄皮の体積は（正確には $(\Delta r)^2$ 程度の誤差で）

$$4\pi r^2 \times \Delta r = 4\pi r^2 \Delta r$$

である．

- よって，これらを足し合わせた極限が球の体積を与えるので，

$$\sum 4\pi r^2 \Delta r \text{ の極限} = \int_0^a 4\pi r^2 dr = \left[\frac{4}{3}\pi r^3\right]_0^a = \frac{4}{3}\pi a^3. \qquad \square$$

11.6 立体の体積を求める

11.6.1 切り口の面積を積分する

─ 立体の体積の求め方 ─────────────

立体の体積は，x 軸に垂直な平面で立体を切った切り口の面積を積分すれば良い．

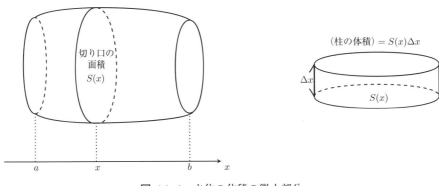

図 11.4　立体の体積の微小部分

- 次のように考える. 求める立体の体積を V, x 軸上の点 x を通り x 軸に垂直な平面が立体を切る切り口の面積を $S(x)$ とする.
- 区間 $a \leqq x \leqq b$ を n 個に分割する.

$$a = x_0 < x_1 < x_2 < \cdots < x_n = b, \quad \Delta x_i = x_i - x_{i-1} \quad (i = 1, 2, \ldots, n).$$

- 立体の体積を n 個の小さな柱の体積の和で近似すれば

$$V_n = \sum_{i=1}^{n} S(x_i) \Delta x_i$$

となる.

- 分割を限りなく細かくしていくと $(n \to \infty)$, 体積の近似値 V_n は, 真の体積 V に近づく.

$$V_n \to V \quad (n \to \infty).$$

- 一方, V_n は $S(x)$ のリーマン和だから, 分割を細かくしていくと, 定積分の定義から

$$V_n \to \int_a^b S(x)dx \quad (n \to \infty)$$

となる.

- よって

$$V = \int_a^b S(x)dx$$

がいえた.　　　　　　　　　　　　　　　　　　　　　　　　　　　　　　□

11.6.2　断面積を積分して球の体積を求める

> **例題 11.5**　断面積を積分することにより, 半径 a の球の体積を求めよ.

解　点 x を通る x 軸に垂直な平面で球を切った切り口は円で, その面積 $S(x)$ は

$$S(x) = \pi \left(\sqrt{a^2 - x^2} \right)^2 = \pi(a^2 - x^2)$$

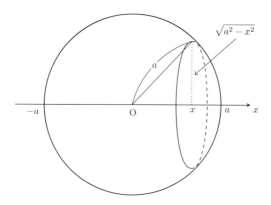

図 11.5 半径 a の球の断面

である. よって

$$\int_{-a}^{a} S(x)dx = 2\int_{0}^{a} S(x)dx = 2\int_{0}^{a} \pi(a^2 - x^2)dx$$
$$= 2\pi\left[a^2 x - \frac{1}{3}x^3\right]_{0}^{a} = \frac{4}{3}\pi a^3.$$ □

11.7 回転体の体積を求める

$D = \{(x,y); y_1(x) \leqq y \leqq y_2(x), 0 \leqq a \leqq x \leqq b\}$ を第 1 象限にある領域とする. このとき D を x 軸回りに回転させてできる立体の体積を V_x, y 軸回りに回転させてできる立体の体積を V_y とすれば, 次の公式が成り立つ.

> **回転体の体積を求める公式**
>
> $$V_x = \int_{a}^{b} \pi(y_2^2 - y_1^2)dx, \qquad V_y = \int_{a}^{b} 2\pi x(y_2 - y_1)dx$$

- x 軸回りの回転体の体積 V_x を求めるには, y 軸に平行な直線で切り取った線分を x 軸回りに回転させた円 (円環) の面積 $\pi(y_2^2 - y_1^2)$ を x で積分すれば良い.
- y 軸回りの回転体の体積を V_y を求めるには, y 軸に平行な直線で切り取った線分の長さ $(y_2 - y_1)$ に, y 軸回りに回転させた円周の長さ $2\pi x$ を掛けて x で積分すれば良い.
- 以下の証明ではいろいろ近似しているので, もちろん完全な証明とはいいがたい. しかし, 円の面積を求める際に説明したように, 区間 $a \leqq x \leqq b$ を n 等分して考えると, 1 つ分の誤差は $\frac{1}{n^2}$ 程度と分かり, n 個の誤差を集めても $n \to \infty$ では誤差は消えて, 正しい値を与えることを示すことができる. このことをもっと組織的に行うには 3 重積分というものが必要である.

証明　D を直線 $x = x$ で切った切り口の線分を x 軸回りに回転させてできる円環領域の面積は

$$\pi(y_2^2 - y_1^2)$$

である．これに厚み Δx をつけてできる柱の体積 $\pi(y_2^2 - y_1^2)\Delta x$ を足し合わせた極限で V_x が求められる．よって

$$V_x = \sum \pi(y_2^2 - y_1^2)\Delta x \text{ の極限} = \int_a^b \pi(y_2^2 - y_1^2)dx$$

となる．次に D を直線 $x = x$ で切った切り口の線分の長さは

$$y_2 - y_1$$

である．これに厚み Δx をつけてできる縦 $(y_2 - y_1)$，横 Δx の長方形を y 軸回りに回転させる．Δx が十分小さいなら，回転させてできる薄い円筒 (バームクーヘンを想像せよ) の体積は，縦 $2\pi x$，横 Δx，高さ $(y_2 - y_1)$ の直方体で近似して，

$$2\pi x(y_2 - y_1)\Delta x$$

と考えられる．これらを足し合わせた極限で V_y が求められる．よって

$$V_y = \sum 2\pi x(y_2 - y_1)\Delta x \text{ の極限} = \int_a^b 2\pi x(y_2 - y_1)dx$$

となる．　　　　　　　　　　　　　　　　　　　　　　　　　　　　□

11.7.1 公式の使い方を練習する

> **例題 11.6**　a を正の定数とし，放物線 $y = x^2 + a$ のグラフの $0 \leqq x \leqq 1$ の範囲にある部分，x 軸，y 軸，および直線 $x = 1$ で囲まれた図形を D とする．このとき次の問いに答えよ．
> (1) D を x 軸の回りに回転してできる回転体の体積 V_x を求めよ．
> (2) D を y 軸の回りに回転してできる回転体の体積 V_y を求めよ．
> (3) $V_x = V_y$ となるときの a の値を求めよ．

解　回転体の体積を求める公式を適用する．$a = 0, b = 1, y_1(x) = 0, y_2(x) = y = x^2 + a$ である．

(1) $V_x = \displaystyle\int_0^1 \pi y^2 dx = \pi \int_0^1 (x^4 + 2ax^2 + a^2)dx = \left[\frac{1}{5}x^5 + \frac{2a}{3}x^3 + a^2 x\right]_0^1 = \pi\left(\frac{1}{5} + \frac{2a}{3} + a^2\right).$

(2) $V_y = \displaystyle\int_0^1 2\pi x(y_2 - y_1)dx = 2\pi \int_0^1 (x^3 + ax)dx = 2\pi\left[\frac{1}{4}x^4 + \frac{a}{2}x^2\right]_0^1 = \pi\left(a + \frac{1}{2}\right).$

(3) $\dfrac{1}{5} + \dfrac{2a}{3} + a^2 = a + \dfrac{1}{2} \Longrightarrow 30a^2 - 10a - 9 = 0.$ $a > 0$ より $a = \dfrac{5 + \sqrt{295}}{30}.$　　□

演習問題

11.1　次の極限値を求めよ．

(1) $\displaystyle\lim_{n\to\infty} \frac{1^5 + 2^5 + \cdots + n^5}{n^6}$ 　　　　(2) $\displaystyle\lim_{n\to\infty} \frac{1^k + 2^k + \cdots + n^k}{n^{k+1}}$ 　$(k > 0)$

(3) $\displaystyle\lim_{n\to\infty}\left(\frac{1}{3n+1} + \frac{1}{3n+2} + \frac{1}{3n+3} + \cdots + \frac{1}{3n+n}\right)$

11.2 $y = x^2 \, (0 \leqq x \leqq 1)$, および $x = 1$ と x 軸で囲まれた図形を x 軸の回りに回転させてできる立体の体積 V_x と，y 軸の回りに回転させてできる立体の体積 V_y を求めよ．

11.3 $y = x^4 \, (0 \leqq x \leqq 1)$, および $x = 1$ と x 軸で囲まれた図形を x 軸の回りに回転させてできる立体の体積 V_x と，y 軸の回りに回転させてできる立体の体積 V_y を求めよ．

11.4 a を正の定数とし，放物線 $y = ax^2$ のグラフの $0 \leqq x \leqq 1$ の範囲にある部分，x 軸，y 軸，および直線 $x = 1$ で囲まれた図形を D とする．このとき次の問いに答えよ．

(1) D を x 軸の回りに回転してできる回転体の体積 V_x を求めよ．

(2) D を y 軸の回りに回転してできる回転体の体積 V_y を求めよ．

(3) $V_x = V_y$ となるときの a の値を求めよ．

11.5 地球上で物体を落下させたとき，落下する速度 $v(t)\,\mathrm{(m/s)}$ と落下した時間 $t\,\mathrm{(s)}$ とは，だいたい $v(t) = 10t$ の関係があることが知られている．以下これを仮定する．落下し始めてから 10 秒間で落下した距離を求めたい．次の問いに答えよ．

(1) 落下し始めてから 0 秒から 10 秒までの時間を，幅 Δt の微小な区間に分ける．1 つの区間 t と $t + \Delta t$ の間，そこでは速度が一定値 $10t$ であるとして，その間に落ちた距離を，Δt と t を用いて表せ．

(2) 各微小な区間での落下距離をすべて足し合わせ，各微小区間幅を 0 に近づける $(\Delta t \to 0)$ ことによって得られる 10 秒間の落下距離を，定積分で表せ．

(3) この定積分を計算し 10 秒間で落下した距離を求めよ．

11.6 $y = x^2$ と $y = x$ で囲まれた図形を x 軸の回りに回転させてできる立体の体積 V_x と，y 軸の回りに回転させてできる立体の体積 V_y を求めよ．

第 12 章

定積分の計算技術を学ぶ

定積分に対する置換積分法と部分積分法を学ぶ. 味気ない部分であるが, マスターすれば計算の幅はぐっと広まる.

12.1 置換積分法を学ぶ

定積分に対する置換積分法は, 不定積分の場合の方法に加えて, 変数の値の対応に注意しなければいけない.

12.1.1 定積分の置換積分は積分範囲も変える

置換積分法の公式
$u = \varphi(x)$ で x の積分から u の積分に直すと

$$\int_a^b f(\varphi(x))\varphi'(x)dx = \int_{\varphi(a)}^{\varphi(b)} f(u)du$$

となる.

- 置き換える変数は別に u に限ることはない.
- ただし, u の積分に直したときには, 元の変数 x は含まれていてはいけない.
- 積分の上端下端の対応を間違えないこと. x で a から b まで積分するときは, $u = \varphi(x)$ と変換すれば, u については $\varphi(a)$ から $\varphi(b)$ までの積分になる.
- 不定積分の置換積分法でも述べたように, この公式は $\dfrac{du}{dx}$ を分数のように考えて分母を払って変形して良いと教えている.

$$u = \varphi(x) \Longrightarrow \frac{du}{dx} = \varphi'(x) \Longrightarrow du = \varphi'(x)dx$$

証明 $f(u)$ の 1 つの原始関数を $F(u)$ とおくと, 右辺は

$$\int_{\varphi(a)}^{\varphi(b)} f(u)du = [F(u)]_{\varphi(a)}^{\varphi(b)} = F(\varphi(b)) - F(\varphi(a)) = [F(\varphi(x))]_a^b$$

となる．一方，$F'(u) = f(u)$ であるから，合成関数の微分法から

$$(F(\varphi(x)))' = F'(\varphi(x))\varphi'(x) = f(\varphi(x))\varphi'(x).$$

よって，$f(\varphi(x))\varphi'(x)$ の原始関数は $F(\varphi(x))$ であるから，

$$\int_a^b f(\varphi(x))\varphi'(x)dx = [F(\varphi(x))]_a^b = \int_{\varphi(a)}^{\varphi(b)} f(u)du. \qquad \square$$

12.1.2 置換積分法の使い方を練習する

> **例題 12.1**　次の定積分を計算せよ.
>
> $$(1) \int_1^2 \sqrt{2x-1}dx \qquad (2) \int_0^1 \frac{x}{\sqrt{1+x^2}}dx \qquad (3) \int_0^1 \frac{1}{1+x^2}dx$$

解　(1) $u = 2x - 1$ とおくと

$$\frac{du}{dx} = 2 \Longrightarrow du = 2dx \Longrightarrow dx = \frac{1}{2}du.$$

また積分範囲は $\dfrac{x \mid 1 \rightarrow 2}{u \mid 1 \rightarrow 3}$ のように変わる．よって

$$\int_1^2 \sqrt{2x-1}dx = \int_1^3 \sqrt{u}\frac{1}{2}du = \frac{1}{2}\int_1^3 u^{\frac{1}{2}}du = \frac{1}{2}\left[\frac{2}{3}u^{\frac{3}{2}}\right]_1^3 = \sqrt{3} - \frac{1}{3}.$$

● 置き換えは 1 通りとは限らない．例えば次のようにもできる．$v = \sqrt{2x-1}$ とおく．

$$v^2 = 2x - 1 \Longrightarrow 2v\frac{dv}{dx} = 2 \Longrightarrow vdv = dx.$$

また積分範囲は $\dfrac{x \mid 1 \rightarrow 2}{v \mid 1 \rightarrow \sqrt{3}}$ のように変わる．よって

$$\int_1^2 \sqrt{2x-1}dx = \int_1^{\sqrt{3}} vvdv = \int_1^{\sqrt{3}} v^2dv = \left[\frac{1}{3}v^3\right]_1^{\sqrt{3}} = \sqrt{3} - \frac{1}{3}.$$

(2) $u = 1 + x^2$ とおくと

$$\frac{du}{dx} = 2x \Longrightarrow du = 2xdx \Longrightarrow xdx = \frac{1}{2}du.$$

また，積分範囲は $\dfrac{x \mid 0 \rightarrow 1}{u \mid 1 \rightarrow 2}$ のように変わる．よって

$$\int_0^1 \frac{x}{\sqrt{1+x^2}}dx = \int_1^2 \frac{1}{\sqrt{u}}\frac{1}{2}du = \int_1^2 \frac{1}{2}u^{-\frac{1}{2}}du = \left[u^{\frac{1}{2}}\right]_1^2 = \sqrt{2} - 1.$$

(3) $x = \tan\theta$ とおくと

$$\frac{dx}{d\theta} = \frac{1}{\cos^2\theta} \Longrightarrow dx = \frac{1}{\cos^2\theta}d\theta.$$

また積分範囲は $\begin{array}{c|ccc} x & 0 & \to & 1 \\ \hline \theta & 0 & \to & \frac{\pi}{4} \end{array}$ のように変わる．よって，$1 + \tan^2\theta = \frac{1}{\cos^2\theta}$ に注意して

$$\int_0^1 \frac{1}{1+x^2}dx = \int_0^{\frac{\pi}{4}} \frac{1}{\frac{1}{\cos^2\theta}}\frac{1}{\cos^2\theta}d\theta = \int_0^{\frac{\pi}{4}} 1 d\theta = [\theta]_0^{\frac{\pi}{4}} = \frac{\pi}{4}. \qquad \Box$$

12.1.3 積分の上端下端を変えるときは，(-1) 倍する

> **例題 12.2** 関数 $f(x)$ は微分可能で，$f(0) = 2, f(3) = 7$ であるとする．$I = \displaystyle\int_0^3 f'(3-x)dx$ について，次の問いに答えよ．
> (1) $u = 3 - x$ とおいて，I を u の積分に直せ．
> (2) I の値を求めよ．

解 (1) $u = 3 - x \Longrightarrow \dfrac{du}{dx} = -1 \Longrightarrow du = -dx.$ $\quad \therefore dx = -du.$ $\quad \begin{array}{c|ccc} x & 0 & \to & 3 \\ \hline u & 3 & \to & 0 \end{array}.$

よって $\displaystyle\int_b^a = -\int_a^b$ に注意して，

$$I = \int_3^0 f'(u)(-du) = \int_0^3 f'(u)du.$$

(2) $\displaystyle\int_a^b f'(x)dx = [f(x)]_a^b = f(b) - f(a)$ と $f(0) = 2, f(3) = 7$ から

$$I = \int_0^3 f'(u)du = f(3) - f(0) = 7 - 2 = 5. \qquad \Box$$

12.2 部分積分法を学ぶ

部分積分法は，積の微分公式の逆の操作である．このことを次の積分の計算を通して確認しよう．

- $I = \displaystyle\int_0^1 xe^{2x}dx$ の値が知りたいとする．

- **積の微分法**より，$(xe^{2x})' = 1 \cdot e^{2x} + xe^{2x} \cdot 2 = e^{2x} + 2xe^{2x}$ である．
- 微分したので，積分する．

$$\int_0^1 (xe^{2x})'dx = \int_0^1 e^{2x}dx + 2\int_0^1 xe^{2x}dx. \qquad \cdots\cdots(*)$$

- ここで，$(*)$ の2つの積分は計算できる．

$$\int_0^1 (xe^{2x})'dx = \left[xe^{2x}\right]_0^1 = e^2, \quad \int_0^1 e^{2x}dx = \left[\frac{1}{2}e^{2x}\right]_0^1 = \frac{1}{2}e^2 - \frac{1}{2}.$$

- よって，これらを $(*)$ に代入して

$$e^2 = \frac{1}{2}e^2 - \frac{1}{2} + 2I. \quad \therefore I = \frac{1}{4}(e^2 + 1)$$

が得られる．

12.2.1 部分積分法の公式を導く

部分積分法の公式

$$\int_a^b f(x)g'(x)dx = [f(x)g(x)]_a^b - \int_a^b f'(x)g(x)dx$$

- 部分積分法 の公式で左辺から右辺に変更するとき，微分の位置が変わっていること，積分に"−"の符号がつくことに注意する．

証明 微積分学の基本定理から

$$\int_a^b \{f(x)g(x)\}'dx = [f(x)g(x)]_a^b$$

が成り立つ．左辺を積の微分公式を用いてバラバラにすると

$$\int_a^b \{f(x)g(x)\}'dx = \int_a^b \{f'(x)g(x) + f(x)g'(x)\}dx$$
$$= \int_a^b f'(x)g(x)dx + \int_a^b f(x)g'(x)dx$$

が分かる．よって，1つの積分を移項して，

$$\int_a^b f'(x)g(x)dx + \int_a^b f(x)g'(x)dx = [f(x)g(x)]_a^b.$$

$$\therefore \int_a^b f(x)g'(x)dx = [f(x)g(x)]_a^b - \int_a^b f'(x)g(x)dx. \qquad \square$$

12.2.2 部分積分法の使い方を練習する

例題 12.3 次の定積分を計算せよ．

$$(1)\ \int_0^1 xe^{2x}dx \qquad (2)\ \int_0^\pi x\sin\left(\frac{x}{2}\right)dx \qquad (3)\ \int_1^e \log x\,dx$$

- 部分積分を行うとき，まず公式が使える形に変形しなければならない．普通は次の4パターンを覚えておけば良い．

部分積分が使える形に直すパターン ($a \neq 0$ とする)

$$(1)\ xe^{ax} = x\left(\frac{1}{a}e^{ax}\right)' \qquad (2)\ x\sin(ax) = x\left(-\frac{1}{a}\cos(ax)\right)'$$

$$(3)\ x\cos(ax) = x\left(\frac{1}{a}\sin(ax)\right)' \qquad (4)\ \log x = (x)'\log x$$

解　(1)　$\displaystyle\int_0^1 xe^{2x}dx = \int_0^1 x\left(\frac{1}{2}e^{2x}\right)'dx = \left[\frac{1}{2}xe^{2x}\right]_0^1 - \int_0^1 (x)'\frac{1}{2}e^{2x}dx$

$$= \left[\frac{1}{2}xe^{2x}\right]_0^1 - \int_0^1 \frac{1}{2}e^{2x}dx = \frac{1}{2}e^2 - \left[\frac{1}{4}e^{2x}\right]_0^1 = \frac{1}{4}(e^2+1).$$

(2)　$\displaystyle\int_0^\pi x\sin\left(\frac{x}{2}\right)dx = \int_0^\pi x\left(-2\cos\left(\frac{x}{2}\right)\right)'dx$

$$= \left[-2x\cos\left(\frac{x}{2}\right)\right]_0^\pi - \int_0^\pi (x)'\left(-2\cos\left(\frac{x}{2}\right)\right)dx$$

$$= \int_0^\pi 2\cos\left(\frac{x}{2}\right)dx = \left[4\sin\left(\frac{x}{2}\right)\right]_0^\pi = 4.$$

(3)　$\displaystyle\int_1^e \log x\,dx = \int_1^e 1\cdot\log x\,dx = \int_1^e (x)'\log x\,dx = [x\log x]_1^e - \int_1^e x(\log x)'dx$

$$= e - \int_1^e 1\,dx = e - [x]_1^e = 1. \qquad\qquad \square$$

12.3 正規分布に関連する積分

　これまでの応用として，正規分布を勉強するときに必要ないくつかの積分計算を紹介する．正規分布とは，模擬試験の得点 X の分布等，大量のデータが示す分布である．平均 μ，分散 σ^2 の正規分布を $N(\mu, \sigma^2)$ と表す．その確率密度関数 $f(x)$ は，

$$f(x) = \frac{1}{\sqrt{2\pi}\,\sigma}e^{-\frac{(x-\mu)^2}{2\sigma^2}}$$

である．確率密度関数とは，この正規分布に従う確率変数 X に対して，$a < X < b\,(a \leqq X \leqq b)$ の値をとる確率 $P(a < X < b)$ が定積分

$$P(a < X < b) = \int_a^b f(x)dx$$

で与えられるものと定義される．全確率は 1 なので，

$$\int_{-\infty}^\infty f(x)dx = 1$$

を満たさなければならない．そこで，まず無限区間の積分の計算練習から始める．

12.3.1 無限区間上の定積分

　無限区間の積分は，有限区間の積分を無限に拡張した極限で定義する．

- $\displaystyle\int_a^\infty f(x)dx = \lim_{b\to\infty}\int_a^b f(x)dx$

- $\displaystyle\int_{-\infty}^\infty f(x)dx = \lim_{a\to-\infty,b\to\infty}\int_a^b f(x)dx$

例題 12.4　次の定積分を計算せよ.

$$(1)\ \int_1^\infty \frac{1}{x^2}dx \qquad (2)\ \int_1^\infty \frac{1}{x}dx \qquad (3)\ \int_{\log 3}^\infty e^{-2x}dx \qquad (4)\ \int_{-\infty}^\infty xe^{-x^2}dx$$

解　(1) $\displaystyle\int_1^b \frac{1}{x^2}dx = \left[-\frac{1}{x}\right]_1^b = -\frac{1}{b} + 1 \to 1\,(b\to\infty)$.

これからは, $\dfrac{1}{\infty} = 0$ と覚えて

$$\int_1^\infty \frac{1}{x^2}dx = \left[-\frac{1}{x}\right]_1^\infty = -\frac{1}{\infty} + 1 = 1$$

と略した計算をすることもある.

(2) $\displaystyle\int_1^b \frac{1}{x}dx = [\log x]_1^b = \log b - \log 1 = \log b \to \infty\,(b\to\infty)$.

この結果を

$$\int_1^\infty \frac{1}{x}dx = \infty$$

とよく書くが, これは無限区間上の積分は存在しないという意味である. ∞ は数ではない.

(3) $e^{\log x} = x$ に注意して,

$$\int_{\log 3}^b e^{-2x}dx = \left[-\frac{1}{2}e^{-2x}\right]_{\log 3}^b = -\frac{1}{2}e^{-2b} + \frac{1}{2}e^{-2\log 3} \to \frac{1}{2}e^{-2\log 3} = \frac{1}{2}\cdot\frac{1}{9} = \frac{1}{18}\,(b\to\infty).$$

これからは, $e^{-\infty} = 0,\ a\cdot\infty = \infty\,(a>0)$ と覚えて

$$\int_{\log 3}^\infty e^{-2x}dx = \left[-\frac{1}{2}e^{-2x}\right]_{\log 3}^\infty = -\frac{1}{2}e^{-\infty} + \frac{1}{2}e^{-2\log 3} = \frac{1}{2}e^{-2\log 3} = \frac{1}{2}\cdot\frac{1}{9} = \frac{1}{18}$$

と略した計算をすることもある. $2\cdot\infty = \infty$ としているので, ∞ を数と考えてはいけない.

(4) $\displaystyle\int_a^b xe^{-x^2}dx = \left[-\frac{1}{2}e^{-x^2}\right]_a^b = -\frac{1}{2}e^{-b^2} + \frac{1}{2}e^{-a^2} \to -0 + 0 = 0\,(a\to-\infty,b\to\infty)$.

xe^{-x^2} は奇関数（グラフが原点対称）なので, "定積分は符号付きの面積を表す" ことを思い出すと納得できる結果である.　　$\square$

12.3.2 ガウス積分の 1 つの計算法

$e^{-ax^2}\,(a>0)$ の積分を, ガウス積分という場合がある. ガウス積分は, ガウスが誤差の分布を調べる過程で発見した. いわゆる正規分布と関係がある. e^{-ax^2} の不定積分は, 初等関数 ($x^n, e^{ax}, \sin x, \cos x$ とそれらの逆関数の四則演算・合成したもの) で表すことができないことが示されている. それでも無限区間 $(0,\infty), (-\infty,\infty)$ 上の積分値が分かるのは, 驚異的なことである.

例題 12.5

$$f(t) = \left(\int_0^t e^{-x^2} dx \right)^2, \quad g(t) = \int_0^1 \frac{e^{-(1+x^2)t^2}}{1+x^2} dx$$

とおく．このとき

(1) 任意の実数 t に対して，$f'(t) + g'(t) = 0$ が成り立つことを示せ．

(2) 任意の実数 t に対して，$f(t) + g(t) = \dfrac{\pi}{4}$ が成り立つことを示せ．

(3) 極限値 $\displaystyle\lim_{t\to\infty} g(t) = 0$ を示せ．

(4) 次のガウス積分の値を示せ．

$$\int_0^\infty e^{-x^2} dx = \frac{\sqrt{\pi}}{2}$$

注意： e^{-x^2} は偶関数（グラフが y 軸に関して対称）なので

$$\int_{-\infty}^\infty e^{-x^2} dx = \sqrt{\pi}$$

も分かる．

解 (1) $F(x)$ を $f(x)$ の原始関数とするとき，次の計算に注意する．

$$\left(\int_a^x f(t)dt \right)' = \left([F(t)]_a^x \right)' = (F(x) - F(a))' = F'(x) = f(x).$$

これより $(y^2)' = 2yy'$ に注意して，

$$f'(t) = 2 \cdot \left(\int_0^t e^{-x^2} dx \right) \cdot \left(\int_0^t e^{-x^2} dx \right)' = 2e^{-t^2} \int_0^t e^{-x^2} dx \qquad \cdots\cdots (*)$$

が成り立つ．一方 t と x の関数 $f(t,x)$ について，

$$\frac{d}{dt} \int_a^b f(t,x)dx = \int_a^b f_t(t,x)dx$$

が成立する．$f_t(t,x)$ は，$f(t,x)$ の x を定数と考えて，t について微分したことを表す（偏微分という）．$f(t,x), f_t(t,x)$ が連続ならば，成り立つことが知られている．今はこのことを認めて使う．

$$\left(\frac{e^{-(1+x^2)t^2}}{1+x^2} \right)_t = \frac{e^{-(1+x^2)t^2}}{1+x^2} \cdot \{-(1+x^2)t^2\}_t = \frac{e^{-(1+x^2)t^2}}{1+x^2} \cdot \{-(1+x^2)(2t)\} = e^{-(1+x^2)t^2}(-2t)$$

なので，

$$g'(t) = \int_0^1 \left(\frac{e^{-(1+x^2)t^2}}{1+x^2} \right)_t dx = \int_0^1 e^{-(1+x^2)t^2}(-2t)dx = -2e^{-t^2} \int_0^1 e^{-x^2 t^2} t dx$$

となる．そこで $y = tx$ とおけば

$$\frac{dy}{dx} = t \Longrightarrow dy = tdx, \quad \begin{array}{c|ccc} x & 0 & \to & 1 \\ \hline u & 0 & \to & t \end{array}$$

より，

$$g'(t) = -2e^{-t^2} \int_0^t e^{-y^2} dy \qquad \cdots\cdots (**)$$

と表すことができる．よって $(*), (**)$ から $f'(t) + g'(t) = 0$ である．

(2) (1) より，"任意の t で $f'(t) = 0 \Longrightarrow f(t) = C(定数)$" なので

$$f(t) + g(t) = f(0) + g(0) = \int_0^1 \frac{1}{1 + x^2} dx = \frac{\pi}{4}.$$

最後の定積分は，例題 12.1(3) で計算している．

(3) $e^{-x^2 t^2} \leqq 1$ なので

$$0 \leqq g(t) = e^{-t^2} \int_0^1 \frac{e^{-x^2 t^2}}{1 + x^2} dx \leqq e^{-t^2} \int_0^1 \frac{1}{1 + x^2} dx = e^{-t^2} \frac{\pi}{4} \to 0 \quad (t \to \infty).$$

(4) 以上より

$$\int_0^\infty e^{-x^2} dx = \lim_{t \to \infty} \sqrt{f(t)} = \lim_{t \to \infty} \sqrt{\frac{\pi}{4} - g(t)} = \sqrt{\frac{\pi}{4}} = \frac{\sqrt{\pi}}{2}. \qquad \square$$

12.3.3 ガウス積分に関係する積分値

> **例題 12.6**　$a > 0$ のとき，次の積分の値を求めよ．
>
> $$(1) \int_0^\infty e^{-ax^2} dx \qquad (2) \int_0^\infty x e^{-ax^2} dx \qquad (3) \int_0^\infty x^2 e^{-ax^2} dx$$

解　(1) $y = \sqrt{a} x$ とおくと，

$$\frac{dy}{dx} = \sqrt{a} \Longrightarrow dy = \sqrt{a} dx \Longrightarrow dx = \frac{1}{\sqrt{a}} dy, \qquad \begin{array}{c|ccc} x & 0 & \to & +\infty \\ \hline y & 0 & \to & +\infty \end{array}$$

より，

$$\int_0^\infty e^{-ax^2} dx = \int_0^\infty e^{-y^2} \frac{dy}{\sqrt{a}} = \frac{\sqrt{\pi}}{2\sqrt{a}}.$$

(2) これは原始関数が容易に分かる．

$$\int_0^\infty x e^{-ax^2} dx = \left[-\frac{1}{2a} e^{-ax^2} \right]_0^\infty = \frac{1}{2a}.$$

(3) 部分積分で計算するのが標準的なやり方である．ここでは次のように計算する．(1) の結果の両辺を a で微分する（積分記号下の微分という）．

$$\int_0^\infty e^{-ax^2} dx = \frac{\sqrt{\pi}}{2\sqrt{a}} = \frac{\sqrt{\pi}}{2} \cdot a^{-\frac{1}{2}}$$

より，

$$\int_0^\infty \left(e^{-ax^2}\right)_a dx = \frac{\sqrt{\pi}}{2} \cdot \left(a^{-\frac{1}{2}}\right)' \Longrightarrow \int_0^\infty e^{-ax^2} \cdot (-x^2) dx = \frac{\sqrt{\pi}}{2} \cdot \left(-\frac{1}{2}\right) \cdot a^{-\frac{3}{2}}$$

$$\therefore \quad \int_0^\infty x^2 e^{-ax^2} dx = \frac{\sqrt{\pi}}{4a\sqrt{a}}. \qquad\qquad \square$$

例題 12.7　$\displaystyle\int_{-\infty}^\infty e^{-\frac{1}{2}x^2 + 3x} dx$ の値を求めよ．

解　● 平方完成する．

$$-\frac{1}{2}x^2 + 3x = -\frac{1}{2}(x^2 - 6x) = -\frac{1}{2}\{(x-3)^2 - 9\} = -\frac{1}{2}(x-3)^2 + \frac{9}{2}$$

となる．

● $y = \dfrac{1}{\sqrt{2}}(x-3)$ とおく．$\dfrac{dy}{dx} = \dfrac{1}{\sqrt{2}}$ より，

$$dy = \frac{1}{\sqrt{2}}dx \Longrightarrow dx = \sqrt{2}dy, \qquad \begin{array}{c|ccc} x & -\infty & \to & +\infty \\ \hline y & -\infty & \to & +\infty \end{array}.$$

● よって

$$\int_{-\infty}^\infty e^{-y^2 + \frac{9}{2}} \sqrt{2}dy = \sqrt{2}e^{\frac{9}{2}} \int_{-\infty}^\infty e^{-y^2} dy = \sqrt{2\pi}e^{\frac{9}{2}} \qquad\qquad \square$$

12.3.4 正規分布の平均・分散・確率計算の方法

以上の準備の下で，正規分布に関する平均・分散等を計算しよう．$\sigma > 0, \mu$ は実数とし，

$$f(x) = \frac{1}{\sqrt{2\pi} \cdot \sigma} e^{-\frac{(x-\mu)^2}{2\sigma^2}}$$

とする．まず $y = f(x)$ のグラフは，$x = \mu$ で極大値をとり，点 $(\mu \pm \sigma, f(\mu \pm \sigma))$（複号同順）が変曲点になっていることを確かめておく．

● $f(x) = \dfrac{1}{\sqrt{2\pi} \cdot \sigma} e^{-\frac{(x-\mu)^2}{2\sigma^2}}$ を微分すると

$$f'(x) = \frac{1}{\sqrt{2\pi} \cdot \sigma} e^{-\frac{(x-\mu)^2}{2\sigma^2}} \cdot \left\{-\frac{(x-\mu)^2}{2\sigma^2}\right\}' = f(x) \cdot \left\{-\frac{(x-\mu)}{\sigma^2}\right\}$$

となる．よって $f(x)$ は 0 にならないので，$f'(x) = 0$ ならば $x = \mu$ である．

● 積の微分法 $(f \cdot g)' = f' \cdot g + f \cdot g'$ より

$$f''(x) = \left[f(x) \cdot \left\{-\frac{(x-\mu)}{\sigma^2}\right\}\right]' = f'(x) \cdot \left\{-\frac{(x-\mu)}{\sigma^2}\right\} + f(x) \cdot \left\{-\frac{(x-\mu)}{\sigma^2}\right\}'$$

$$= f(x) \cdot \left\{-\frac{(x-\mu)}{\sigma^2}\right\} \cdot \left\{-\frac{(x-\mu)}{\sigma^2}\right\} + f(x) \cdot \left\{-\frac{1}{\sigma^2}\right\}$$

$$= f(x) \cdot \frac{1}{\sigma^4} \cdot \left\{(x-\mu)^2 - \sigma^2\right\} = f(x) \cdot \frac{1}{\sigma^4} \cdot (x-\mu-\sigma)(x-\mu+\sigma)$$

となる．よって $f(x)$ は 0 にならないので，$f''(x) = 0$ ならば $x = \mu \pm \sigma$ である．

● 以上より増減表は次のようになる.

x	$\cdots$	$\mu - \sigma$	$\cdots$	μ	$\cdots$	$\mu + \sigma$	$\cdots$
$f'(x)$	$+$	$+$	$+$	0	$-$	$-$	$-$
$f''(x)$	$+$	0	$-$	$-$	$-$	0	$+$
$f(x)$	$\nearrow$	$\dfrac{1}{\sqrt{2\pi}\cdot\sigma}\cdot e^{-\frac{1}{2}}$	$\nearrow$	$\dfrac{1}{\sqrt{2\pi}\cdot\sigma}$	$\searrow$	$\dfrac{1}{\sqrt{2\pi}\cdot\sigma}\cdot e^{-\frac{1}{2}}$	$\searrow$

これで，極値・変曲点についての主張が分かった.

例題 12.8　$\sigma > 0,\ \mu$ は実数とし，

$$f(x) = \frac{1}{\sqrt{2\pi}\cdot\sigma}e^{-\frac{(x-\mu)^2}{2\sigma^2}}$$

とする. このとき

(1) $\displaystyle\int_{-\infty}^{\infty} f(x)dx = 1$ を示せ（全確率 1）.

(2) $\displaystyle\int_{-\infty}^{\infty} x\cdot f(x)dx = \mu$ を示せ（平均 μ）.

(3) $\displaystyle\int_{-\infty}^{\infty} (x-\mu)^2\cdot f(x)dx = \sigma^2$ を示せ（分散 σ^2）.

(4) $\displaystyle\int_{a}^{b} f(x)dx = \int_{\frac{a-\mu}{\sigma}}^{\frac{b-\mu}{\sigma}} \frac{1}{\sqrt{2\pi}}e^{-\frac{y^2}{2}}\,dy$ を示せ（標準正規分布に変換できる）.

解　(1) $y = \dfrac{x-\mu}{\sqrt{2}\cdot\sigma}$ とおく. $\dfrac{dy}{dx} = \dfrac{1}{\sqrt{2}\cdot\sigma}$ より，

$$dy = \frac{1}{\sqrt{2}\cdot\sigma}dx \Longrightarrow dx = \sqrt{2}\cdot\sigma dy, \quad \begin{array}{c|ccc} x & -\infty & \to & +\infty \\ \hline y & -\infty & \to & +\infty \end{array}$$

よって

$$\int_{-\infty}^{\infty} f(x)dx = \int_{-\infty}^{\infty} \frac{1}{\sqrt{2\pi}\cdot\sigma}e^{-\frac{(x-\mu)^2}{2\sigma^2}}\,dx$$

$$= \int_{-\infty}^{\infty} \frac{1}{\sqrt{2\pi}\cdot\sigma}e^{-y^2}\sqrt{2}\cdot\sigma dy = \frac{1}{\sqrt{\pi}}\cdot\int_{-\infty}^{\infty} e^{-y^2}\,dy = \frac{1}{\sqrt{\pi}}\cdot\sqrt{\pi} = 1.$$

(2) $\displaystyle\int_{-\infty}^{\infty} f(x)dx = 1$ であるから，

$$\int_{-\infty}^{\infty} xf(x)dx = \int_{-\infty}^{\infty} \{(x-\mu)+\mu\}f(x)dx$$

$$= \int_{-\infty}^{\infty} (x-\mu)f(x)dx + \mu\int_{-\infty}^{\infty} f(x)dx = \int_{-\infty}^{\infty} (x-\mu)f(x)dx + \mu$$

である. 次に $y = \dfrac{x-\mu}{\sqrt{2}\cdot\sigma}$ とおく. $\dfrac{dy}{dx} = \dfrac{1}{\sqrt{2}\cdot\sigma}$ より，

$$dy = \frac{1}{\sqrt{2}\cdot\sigma}dx \Longrightarrow dx = \sqrt{2}\cdot\sigma dy, \quad \begin{array}{c|ccc} x & -\infty & \to & +\infty \\ \hline y & -\infty & \to & +\infty \end{array}, \quad x-\mu = \sqrt{2}\cdot\sigma\cdot y$$

であり，$y \cdot e^{-y^2}$ は奇関数なので，

$$\int_{-\infty}^{\infty} (x - \mu) \cdot f(x)dx = \int_{-\infty}^{\infty} \sqrt{2} \cdot \sigma \cdot y \cdot \frac{1}{\sqrt{2\pi} \cdot \sigma} e^{-y^2} \cdot \sqrt{2} \cdot \sigma dy = \frac{\sqrt{2} \cdot \sigma}{\sqrt{\pi}} \int_{-\infty}^{\infty} y \cdot e^{-y^2} dy = 0$$

以上より

$$\int_{-\infty}^{\infty} xf(x)dx = \mu$$

である.

(3) $y = \dfrac{x - \mu}{\sqrt{2} \cdot \sigma}$ とおく. $\dfrac{dy}{dx} = \dfrac{1}{\sqrt{2} \cdot \sigma}$ より，

$$dy = \frac{1}{\sqrt{2} \cdot \sigma}dx \Longrightarrow dx = \sqrt{2} \cdot \sigma dy, \quad \begin{array}{c|ccc} x & -\infty & \to & +\infty \\ \hline y & -\infty & \to & +\infty \end{array}, \quad x - \mu = \sqrt{2} \cdot \sigma \cdot y$$

なので，$\displaystyle\int_{-\infty}^{\infty} x^2 e^{-ax^2} dx = \dfrac{\sqrt{\pi}}{2} \cdot \dfrac{1}{a\sqrt{a}}$ を使うと

$$\int_{-\infty}^{\infty} (x - \mu)^2 \cdot f(x)dx = \int_{-\infty}^{\infty} 2 \cdot \sigma^2 \cdot y^2 \cdot \frac{1}{\sqrt{2\pi} \cdot \sigma} e^{-y^2} \cdot \sqrt{2} \cdot \sigma dy$$

$$= \frac{2 \cdot \sigma^2}{\sqrt{\pi}} \int_{-\infty}^{\infty} y^2 \cdot e^{-y^2} dy = \frac{2 \cdot \sigma^2}{\sqrt{\pi}} \cdot \frac{\sqrt{\pi}}{2} = \sigma^2$$

である.

(4) $y = \dfrac{x - \mu}{\sigma}$ とおく. $\dfrac{dy}{dx} = \dfrac{1}{\sigma}$ より，

$$dy = \frac{1}{\sigma}dx \Longrightarrow dx = \sigma dy, \quad \begin{array}{c|ccc} x & a & \to & b \\ \hline y & \dfrac{a-\mu}{\sigma} & \to & \dfrac{b-\mu}{\sigma} \end{array}$$

であるから，

$$\int_a^b f(x)dx = \int_{\frac{a-\mu}{\sigma}}^{\frac{b-\mu}{\sigma}} \frac{1}{\sqrt{2\pi} \cdot \sigma} e^{-\frac{y^2}{2}} \cdot \sigma dy = \int_{\frac{a-\mu}{\sigma}}^{\frac{b-\mu}{\sigma}} \frac{1}{\sqrt{2\pi}} e^{-\frac{y^2}{2}} dy$$

となる. 平均 0, 分散 1 の正規分布を標準正規分布という. 標準正規分布に対して，積分値の数表が作られている. この等式はどのような正規分布の積分も，標準正規分布の積分に変換して，確率計算ができるといっている. □

例題 12.9　正規分布に従う確率変数 X の確率密度関数 $f(x)$ が

$$f(x) = ae^{-\frac{1}{4}x^2 + x}$$

であるとする．このとき次の問いに答えよ．

(1) 平均 μ を求めよ．　　(2) 標準偏差 σ を求めよ．　　(3) a の値を求めよ．

(4) $P(2 \leqq X \leqq 2 + 1.64\sqrt{2})$ を求めよ．

ここで必要なら，次の標準正規分布表の数値を利用せよ．ただし

$$\Phi(z) = \frac{1}{\sqrt{2\pi}} \int_{-\infty}^{z} e^{-\frac{x^2}{2}} dx$$

である．

z	1	1.5	1.64	1.96	2	2.33	2.58
$\Phi(z)$	0.841	0.933	0.95	0.975	0.977	0.99	0.995

解　$-\dfrac{1}{4}x^2 + x$ を平方完成する．

$$-\frac{1}{4}x^2 + x = -\frac{1}{4}(x^2 - 4x) = -\frac{1}{4}\{(x-2)^2 - 4\} = -\frac{(x-2)^2}{4} + 1$$

より

$$f(x) = ae \cdot e^{-\frac{(x-2)^2}{4}}$$

となる．正規分布 $N(\mu, \sigma^2)$ の確率密度関数

$$f(x) = \frac{1}{\sqrt{2\pi} \cdot \sigma} e^{-\frac{(x-\mu)^2}{2\sigma^2}}$$

と比較して

$$\mu = 2, \quad 2\sigma^2 = 4, \quad \frac{1}{\sqrt{2\pi} \cdot \sigma} = ae$$

となる．よって

$$(1)\, \mu = 2, \quad (2)\, \sigma = \sqrt{2}, \quad (3)\, a = \frac{1}{2e\sqrt{\pi}}$$

である．

(4) 標準正規分布に直す公式

$$\int_a^b f(x)dx = \int_{\frac{a-\mu}{\sigma}}^{\frac{b-\mu}{\sigma}} \frac{1}{\sqrt{2\pi}} e^{-\frac{y^2}{2}} dy = \Phi\left(\frac{b-\mu}{\sigma}\right) - \Phi\left(\frac{a-\mu}{\sigma}\right)$$

を用いる．$\Phi(0) = 0.5$ に注意して，

$$P(2 \leqq X \leqq 2 + 1.64\sqrt{2}) = \int_2^{2+1.64\sqrt{2}} f(x)dx = \Phi(1.64) - \Phi(0) = 0.95 - 0.5 = 0.45$$

である．　　　　　　　　　　　　　　　　　　　　　　　　　　　□

例題 12.10 ある試験の得点 X が正規分布 $N(\mu, \sigma^2)$ に従うとき，$Y = 50 + \dfrac{10(X - \mu)}{\sigma}$ を偏差値という．このとき次の問いに答えよ．

(1) Y の平均と分散を求めよ．

(2) 偏差値が 60 の人は，上位何パーセントに入っているか．

(3) $\mu = 40, \sigma = 14$ のとき，偏差値 60 の人の得点を求めよ．

解 (1) Y も正規分布に従うことを示す．まず X は正規分布に従うので

$$P(a < Y < b) = P\left(a < 50 + \frac{10(X - \mu)}{\sigma} < b\right)$$

$$= P\left(\mu + \frac{\sigma(a - 50)}{10} < X < \mu + \frac{\sigma(b - 50)}{10}\right) = \int_{\mu + \frac{\sigma(a-50)}{10}}^{\mu + \frac{\sigma(b-50)}{10}} \frac{1}{\sqrt{2\pi} \cdot \sigma} e^{-\frac{(x-\mu)^2}{2\sigma^2}} dx$$

である．ここで，$\dfrac{y - 50}{10} = \dfrac{x - \mu}{\sigma}$ とおく．

$$y = 50 + \frac{10(x - \mu)}{\sigma} \Longrightarrow \frac{dy}{dx} = \frac{10}{\sigma} \Longrightarrow dx = \frac{\sigma}{10} dy,$$

x	$\mu + \dfrac{\sigma(a - 50)}{10}$	$\to$	$\mu + \dfrac{\sigma(b - 50)}{10}$
y	a	$\to$	b

より

$$P(a < Y < b) = \int_a^b \frac{1}{\sqrt{2\pi} \cdot 10} e^{-\frac{(y-50)^2}{2 \cdot 10^2}} dy$$

となる．これは，Y が平均 10，分散 $10^2 = 100$ の正規分布に従うことを示している．

(2) 偏差値 60 以上である確率を，標準正規分布に直して計算する．

$$P(60 \leqq Y) = 1 - P(Y \leqq 60) = 1 - \Phi\left(\frac{60 - 50}{10}\right) = 1 - \Phi(1) = 1 - 0.841 = 0.159$$

より，上位 15.9%である．

(3) $60 = 50 + \dfrac{10(X - 40)}{14}$ を解いて，$X = 54$ である．　　　□

演習問題

12.1 置換積分法を用いて，次の定積分の値を求めよ．

(1) $\displaystyle\int_0^3 \frac{1}{\sqrt{2x + 3}} dx$　　(2) $\displaystyle\int_1^4 \frac{(\sqrt{x} + 1)^4}{\sqrt{x}} dx$　　(3) $\displaystyle\int_a^b (x - a)^4 (x - b) dx$

(4) $\displaystyle\int_0^1 x\sqrt{1 - x^2} dx$　　(5) $\displaystyle\int_0^{\frac{\pi}{2}} \sin^4 x \cos x \, dx$　　(6) $\displaystyle\int_0^{\frac{\pi}{3}} \cos^6 x \sin x \, dx$

(7) $\displaystyle\int_0^1 \frac{x^2}{\sqrt{1 + x^3}} dx$　　(8) $\displaystyle\int_e^{e^2} \frac{(\log x)^3}{x} dx$

12.2　部分積分法を用いて，次の定積分の値を求めよ．

(1) $\displaystyle\int_0^1 xe^x\,dx$　　　　(2) $\displaystyle\int_0^1 xe^{-x}\,dx$　　　(3) $\displaystyle\int_0^1 xe^{3x}\,dx$　　　(4) $\displaystyle\int_0^{\frac{\pi}{4}} x\cos 2x\,dx$

(5) $\displaystyle\int_0^{\frac{\pi}{6}} x\sin 3x\,dx$　　　(6) $\displaystyle\int_1^e \frac{\log x}{x^2}\,dx$　　　(7) $\displaystyle\int_0^1 x^3 e^{x^2}\,dx$

12.3　$f(0)=0,\ f(1)=2$ のとき，$\displaystyle\int_0^4 f'\left(\frac{x}{4}\right)dx$ の値を求めよ．

12.4　$u=\dfrac{\pi}{2}-x$ とおいて，$\displaystyle\int_0^{\frac{\pi}{2}} f(\sin x)dx=\int_0^{\frac{\pi}{2}} f(\cos u)du$ を示せ．

12.5　$f(0)=1,\ f(1)=5$ のとき，$I=\displaystyle\int_0^{\frac{\pi}{2}} f'(\cos x)\sin x dx$ とおく．このとき

(1) $u=\cos x$ とおいて，$I=\displaystyle\int_0^1 f'(u)du$ を示せ．

(2) I の値を求めよ．

12.6　$u=\pi-x$ とおいて，$\displaystyle\int_{\frac{\pi}{2}}^{\pi} f(\sin x)dx=\int_0^{\frac{\pi}{2}} f(\sin u)du$ を示せ．

12.7　$I=\displaystyle\int_0^1 \frac{1}{e^x+1}dx$ とおく．次の問いに答えよ．

(1) $u=e^x$ とおいて，I を u の積分で表せ．

(2) I の値を求めよ．

12.8　$f(0)=4,\ f(1)=3,\ f'(1)=2,\ f''(1)=1$ のとき，$I=\displaystyle\int_0^1 x^2 f'''(x)dx$ の値を求めよ．

12.9　a,b は定数で，$b-a=2,\ f(a)=3,\ f(b)=4,\ f'(a)=5$ のとき，$I=\displaystyle\int_a^b (b-x)f''(x)dx$ の値を求めよ．

12.10　2回部分積分をして $\displaystyle\int_1^e (\log x)^2 dx$ の値を求めよ．

12.11　$y=e^x\ (0\leqq x\leqq 1),\ x=0,\ x=1$ と x 軸で囲まれた図形を y 軸の回りに回転させてできる立体の体積を求めよ．

12.12　正規分布に従う確率変数 X の確率密度関数 $f(x)$ が

$$f(x)=ae^{-\frac{1}{12}x^2+\frac{1}{2}x}$$

であるとする．このとき次の問いに答えよ．

(1) 平均 μ を求めよ．　　　(2) 標準偏差 σ を求めよ．　　　(3) a の値を求めよ．

(4) $P(X\leqq 3+1.5\sqrt{6})$ を求めよ．

ここで必要なら，次の標準正規分布表の数値を利用せよ．ただし

$$\Phi(z)=\frac{1}{\sqrt{2\pi}}\int_{-\infty}^z e^{-\frac{x^2}{2}}dx$$

である．

z	1	1.5	1.64	1.96	2	2.33	2.58
$\Phi(z)$	0.841	0.933	0.95	0.975	0.977	0.99	0.995

12.13　ある試験の得点 X が正規分布 $N(\mu, \sigma^2)$ に従うとき，$Y = 50 + \dfrac{10(X - \mu)}{\sigma}$ を偏差値とい

う．このとき次の問いに答えよ．

(1) Y の平均と分散を求めよ．

(2) 偏差値が 70 の人は，上位何パーセントに入っているか．

(3) $\mu = 40, \sigma = 20$ のとき，偏差値 60 の人の得点を求めよ．

第13章

変数分離型微分方程式
$$\frac{dy}{dx} = f(x)g(y) \text{ を解く}$$

変数分離型微分方程式の解法とそのいくつかの応用について述べる. このタイプの微分方程式は積分することで解けるが, 一般には解の一意性は成り立たず, 解の存在範囲も実数全体とは限らない. 理論的なことには深入りせず, 解き方の計算練習を行う.

13.1 変数分離型微分方程式の式の意味・解き方

13.1.1 変数分離型微分方程式とは?

- x の関数 $y = y(x)$ についての $\dfrac{dy}{dx} = f(x)g(y)$ というタイプの方程式を, **変数分離型微分方程式**という.
- この方程式を満たす微分可能な関数 $y(x)$ を**解**という.
- 変数分離型微分方程式は, y の導関数が x の関数と y の関数の積の形になっていることを特徴とする.

13.1.2 解き方

- $f(x), g(x)$ は連続とする. 微分方程式を満たし, $y(a) = b$ となる $y(x)$ を求めよう. $g(b) \neq 0$ とする.
- $\dfrac{dy}{dx} = f(x)g(y)$ はある範囲の x について

$$y'(x) = f(x)g(y(x))$$

が成り立つことを意味する.

- $g(y(x)) \neq 0$ となる範囲で割って

$$\frac{1}{g(y(x))}y'(x) = f(x)$$

と変形する. 独立変数を t に変更して

$$\frac{1}{g(y(t))}y'(t) = f(t)$$

と表しておく.

● この範囲で，両辺を t について a から x まで積分する.

$$\int_a^x \frac{1}{g(y(t))} y'(t)dt = \int_a^x f(t)dt.$$

● 左辺を $z = y(t)$ と置換積分する.

$$\frac{dz}{dt} = y'(t). \quad \therefore dz = y'(t)dt. \quad \begin{array}{c|ccc} t & a & \to & x \\ \hline z & b & \to & y(x) \end{array}.$$

よって

$$\int_b^{y(x)} \frac{1}{g(z)} dz = \int_a^x f(t)dt \qquad \cdots\cdots (*)$$

となる.

● $(*)$ から，$y = y(x)$ を x の式で表せば良い.

13.1.3　簡略化された解法

前項の解法は，次のように簡略化された形で述べられる.

┌─ 変数分離型微分方程式の解法 ─────────────────

● $\dfrac{dy}{dx} = f(x)g(y)$ から変数 x, y を分離する.

$$\frac{1}{g(y)} dy = f(x)dx \quad (\textbf{変数分離}されたという)$$

● 両辺を積分する.

$$\int \frac{1}{g(y)} dy = \int f(x)dx \qquad \cdots\cdots (*)$$

● $(*)$ から y を x の式で表す.

└────────────────────────────────────

13.2　変数分離型微分方程式を解く練習をする

13.2.1　初期条件を入れて解く

┌────────────────────────────────────
　例題 13.1　$\dfrac{dy}{dx} = \dfrac{1}{2}y^2, \quad y(0) = 1$ を解け.
└────────────────────────────────────

解

$$\frac{dy}{dx} = \frac{1}{2}y^2 \Longrightarrow \frac{dy}{y^2} = \frac{1}{2}dx$$

と変数分離できたから，両辺積分する.

$$\int \frac{dy}{y^2} = -\frac{1}{y}, \quad \int \frac{1}{2} dx = \frac{1}{2}x + C$$

より

$$-\frac{1}{y} = \frac{1}{2}x + C. \quad \therefore y = \frac{-1}{\frac{1}{2}x + C}.$$

$x = 0$ のとき $y = 1$ なので, $C = -1$. よって求める解は

$$y(x) = \frac{-1}{\frac{1}{2}x - 1} = \frac{2}{2 - x}.$$ □

13.2.2 解法への注意と一般解, 特殊解, 特異解という名前の解

- 例題 13.1 の解 $y(x)$ は $x = 2$ で分母 0 となるから, 定義域は $x < 2$ である.
- 積分したとき積分定数 C は, x の積分の方に 1 つつけておけば良い.
- $\frac{dy}{dx} = \frac{1}{2}y^2$ を満たす y は積分して求めるので, 解は積分定数 C を含む. 今の場合は $y = \frac{-1}{\frac{1}{2}x + C}$. このように任意定数 C を含む解を**一般解**という.
- この問題では, 一般解が分かったとき, その中で**初期条件**に合うように C の値を定めた解を特定した. この解のように, 一般解の任意定数に値を代入して得られる解を**特殊解**という.
- 積分して求めた一般解は, y が 0 にならないという前提の下で求められた. しかし $\frac{dy}{dx} = \frac{1}{2}y^2$ は一般解の他に, $y = 0$ も解となっている. この解は一般解 $y = \frac{-1}{\frac{1}{2}x + C}$ の C にどんな値を代入しても得られない. この解 $y = 0$ のように, 一般解で表すことのできない解を**特異解**という. 変数分離型微分方程式 $\frac{dy}{dx} = f(x)g(y)$ では, $g(y) = 0$ を満たす値 y_0 があれば, 定数関数 $y(x) = y_0$ は特異解になる可能性がある.
- 初期条件を満たす微分方程式の解を求める問題を**初期値問題**という.

13.2.3 一般解を求める

> **例題 13.2** 次の微分方程式の一般解を求めよ.
>
> $$\frac{dy}{dx} = 2\sqrt{y}$$

解

$$\frac{dy}{dx} = 2\sqrt{y} \implies \frac{dy}{2\sqrt{y}} = dx \implies \int \frac{dy}{2\sqrt{y}} = \int 1 dx$$
$$\implies \sqrt{y} = x + C. \quad \therefore y = (x + C)^2.$$ □

13.2.4 初期値問題で解の一意性が成り立たない場合がある

- $y = y(x) = 0$ は, $\frac{dy}{dx} = 2\sqrt{y}$ の特異解である. 一般解 $y(x) = (x + C)^2$ の定数 C にどんな値を代入しても, 定数関数 $y(x) = 0$ は作り出せないからである.
- 初期値問題

$$\frac{dy}{dx} = 2\sqrt{y}, \quad y(0) = 0$$

は, 次の無数の解 $y_a(x)$ をもつ. ただし $a \geqq 0$ は実数とする.

$$y_a(x) = \begin{cases} 0 & (x \leqq a) \\ (x - a)^2 & (x \geqq a) \end{cases}$$

$y_a(x)$ は $x = a$ で接線の傾きは 0 なので，実数全体で微分可能な関数になっている．またこれらはすべて特異解である．

13.2.5　変数分離法で $y'(x) = ay(x)$ を解く

> **例題 13.3**　公式：$y'(x) = ay(x) \Longrightarrow y(x) = Ce^{ax}$ を，変数分離型の微分方程式として解くことにより導け．

解

$$\frac{dy}{dx} = ay \Longrightarrow \frac{dy}{y} = adx \Longrightarrow \int \frac{dy}{y} = \int adx \Longrightarrow \log|y| = ax + C$$
$$\Longrightarrow |y| = e^{ax+C} \Longrightarrow y = \pm e^C e^{ax} = Ae^{ax} \ (A = \pm e^C). \qquad \square$$

- $\dfrac{dy}{dx} = ay$ なので，$y = 0$ も解となる．しかしこの場合は一般解 $y = Ae^{ax}$ で $A = 0$ としたものとなっている．よってこの微分方程式には特異解は現れない．

- 変数分離型微分方程式の解法のように，変数 x と y を $=$ の両辺に分離するやり方を変数分離法という．さまざまなバージョンがある有効な方法である．

13.2.6　よく間違える？　微分方程式：$\dfrac{dx}{dt} = -k\sqrt{x}$

> **例題 13.4**　$a, k > 0$ とする．$x(t) \in C^1(\mathbb{R})$（実数全体 $\mathbb{R}$ で $x(t), x'(t)$ が連続な関数）が
>
> $$x'(t) = -k\sqrt{x(t)}, \quad x(0) = a^2$$
>
> を満たしているならば，
>
> $$x(t) = \begin{cases} \left(a - \dfrac{k}{2}t\right)^2 & \left(t < \dfrac{2a}{k}\right) \\ 0 & \left(t \geqq \dfrac{2a}{k}\right) \end{cases}$$
>
> であることを示せ．

- これは微分方程式の初期値問題：$\dfrac{dx}{dt} = -k\sqrt{x}, x(0) = a^2$ の解が実数全体で一意的に存在することを示している．$\dfrac{dx}{dt} = 2\sqrt{x}, x(0) = 0$ の解は無数にあった（13.2.4 項を見よ）ことと比較せよ．

- これを変数分離法でいい加減に解くと，$x(t) = \left(a - \dfrac{k}{2}t\right)^2$ しか得られない．

- また $a = 0$ のときは，$x(t) = 0$ と

$$x(t) = \begin{cases} \dfrac{k^2}{4}t^2 & (t < 0) \\ 0 & (t \geqq 0) \end{cases}$$

も解であり，解の一意性が壊れる．

● 常微分方程式に対しては，解の一意性のための必要十分条件が知られており，岡村博：『微分方程式序説』（共立出版，2003, p.16）の定理が最終結果である．この定理から，この微分方程式の解の一意性は，もちろん導かれる．ここでは直観的な説明を与えておく．

証明　まずは $x(t) > 0$ の範囲で，

$$\frac{dx}{dt} = -k\sqrt{x} \Longrightarrow \frac{dx}{\sqrt{x}} = -kdt \Longrightarrow \int \frac{dx}{\sqrt{x}} = \int (-k)dt \Longrightarrow 2\sqrt{x} = -kt + C$$

となるから，$x(0) = a^2$ より $C = 2a$ である．よって

$$2\sqrt{x} = -kt + 2a. \quad \therefore x = \left(a - \frac{k}{2}t\right)^2$$

となる．これより，$t = \dfrac{2a}{k}$ で 0 となる．$x(t) \geqq 0$ で $x'(t) = -k\sqrt{x(t)}$ だから，$x(t)$ は単調減少である．よって $x(t)$ は，一旦 0 になってしまえば，0 以上で減少なので，ずっと 0 しか起こりえない．なお，このように定義された $x(t)$ は

$$x'\left(\frac{2a}{k} - 0\right) = x'\left(\frac{2a}{k} + 0\right) = 0$$

に注意すれば，$C^1(\mathbb{R})$ に入り，微分方程式，初期条件を満たしていることは容易に確かめられる．□

13.3 簡単な物理現象への応用

変数分離型微分方程式が現れる簡単な物理現象を扱う．

13.3.1 容器の底から流れ出る水量

> **例題 13.5**　断面積が $S(\mathrm{m}^2)$ で高さ $H(\mathrm{m})$ の円柱の容器に水を満たし，時刻 $t = 0(\mathrm{s})$ で容器の底面に面積 $s(\mathrm{m}^2), (s < S)$ の穴を開ける．容器の水がなくなる時刻を求めよ．ただし，容器内の水の高さが $h(\mathrm{m})$ のとき，底面から出る水の（瞬間の）速さは $\sqrt{2gh}(\mathrm{m/s}), (g = 9.8\,\mathrm{m/s}^2)$ とする．

解　時刻 t での水面の高さを $h = h(t)$，水の量を $V = V(t)$ とする．$V = Sh$ となっている．水の変化量は

$$\frac{dV}{dt} = S\frac{dh}{dt}$$

で，これが底面から出る水の量に等しいので，

$$S\frac{dh}{dt} = -s\sqrt{2gh} \qquad\qquad \cdots\cdots(*)$$

が成り立つ．"$-$" の符号は h は減少していることを表す．これは変数分離型の微分方程式なので

$$\frac{dh}{\sqrt{h}} = -\frac{s\sqrt{2g}}{S}dt$$

と変形して積分すると，

$$2\sqrt{h} = -\frac{s\sqrt{2g}}{S}t + C.$$

$h(0) = H$ より $2\sqrt{H} = C$ となるので，

$$2\sqrt{h} = -\frac{s\sqrt{2g}}{S}t + 2\sqrt{H}.$$

容器の水がなくなる時刻は $h = 0$ のときなので

$$0 = -\frac{s\sqrt{2g}}{S}t + 2\sqrt{H}. \quad \therefore t = \frac{S}{s}\sqrt{\frac{2H}{g}}. \qquad\qquad \square$$

13.3.2　解法についてのコメント

- 水面の高さ h は，時刻 t の 2 次関数になる．

$$2\sqrt{h} = -\frac{s\sqrt{2g}}{S}t + 2\sqrt{H} = \frac{-s\sqrt{2g}}{S}\left(t - \frac{S}{s}\sqrt{\frac{2H}{g}}\right)$$

から

$$4h = \frac{2s^2g}{S^2}\left(t - \frac{S}{s}\sqrt{\frac{2H}{g}}\right)^2. \quad \therefore h = \frac{s^2g}{2S^2}\left(t - \frac{S}{s}\sqrt{\frac{2H}{g}}\right)^2.$$

- $(*)$ の導出を少し丁寧に述べる．時刻 t から $t + \Delta t\,(\Delta t > 0)$ までの Δt の間に容器から出た水の量は，$h(t + \Delta t) < h(t)$ から，

$$S\{h(t) - h(t + \Delta t)\}$$

である．この量の水が断面積 s の穴から，時刻 t では $\sqrt{2gh(t)}$ の速さで，時刻 $t + \Delta t$ では $\sqrt{2gh(t + \Delta t)}$ と速さが遅くなりながら Δt の間出たので，

$$s\sqrt{2gh(t + \Delta t)}\Delta t < S\{h(t) - h(t + \Delta t)\} < s\sqrt{2gh(t)}\Delta t \qquad \cdots\cdots(**)$$

の関係を満たす．$h(t)$ は微分可能と仮定するので，Δt が十分小さいときは

$$h(t + \Delta t) = h(t) + h'(t)\Delta t + \left((\Delta t)^2\text{以上の項}\right).$$

$$\therefore h(t) - h(t + \Delta t) = -h'(t)\Delta t + \left((\Delta t)^2\text{以上の項}\right)$$

となっている．これを $(**)$ に代入して $\Delta t > 0$ で各辺を割ると

$$s\sqrt{2gh(t + \Delta t)} < -Sh'(t) + \left((\Delta t)^1\text{以上の項}\right) < s\sqrt{2gh(t)}$$

となる．そこで $\Delta t \to 0$ とすれば

$$-Sh'(t) = s\sqrt{2gh(t)}$$

となる．

- 高さが h のとき底面から出る水の速さが $\sqrt{2gh}$ となることは，**トリチェリの定理**と呼ばれている．完全な導き方は，物理の本を参照のこと．もっともらしい説明は次の通りとなる．水面上の質量 m の水は，位置エネルギー mgh をもつ．これが瞬間的に（ここがウソ）底面に達して運動エネルギー $\dfrac{1}{2}mv^2$ に変わったとすると，力学的エネルギー保存則から

$$\frac{1}{2}mv^2 = mgh. \quad \therefore v = \sqrt{2gh}. \qquad\qquad \square$$

13.3.3 注入・排出があるときの溶液の濃度の変化

> **例題 13.6**　$a\,(\%)$ の食塩水が $V\,(\mathrm{kg})$ 入っている容器に，$b\,(\%)$ の食塩水を時刻 $t=0$ から毎秒 $v\,(\mathrm{kg})$ の割合で注入し，同時に均等に混じり合った食塩水を同じ割合で排出する．このとき，時刻 t での容器内の食塩水の濃度を求めよ．ただし注入すると同時に食塩水は均質に混じり合うものとする．

解　時刻 t における食塩水の濃度を $x(t)\,(\%)$ とする．$x(0)=a$ である．$x(t)$ の満たすべき微分方程式を作る．$\Delta t>0$ を微小な時間とする．次のように考える．

(1) 時刻 t では，$x(t)\,(\%)$, $V\,(\mathrm{kg})$ の食塩水である．

(2) Δt の間には $v\Delta t\,(\mathrm{kg})$ の食塩水の入れ替えがある．

(3) 時刻 t から $t+\Delta t$ までの Δt の間の食塩の量の変化

$$\frac{x(t+\Delta t)}{100}\times V-\frac{x(t)}{100}\times V=\frac{V}{100}\{x(t+\Delta t)-x(t)\}=\frac{V}{100}x'(t)\Delta t+\Big((\Delta t)^2\text{以上の項}\Big)$$

は，$x(t)\,(\%)$ の食塩水が $v\Delta t\,(\mathrm{kg})$ 除かれ，$b\,(\%)$ の食塩水 $v\Delta t\,(\mathrm{kg})$ が加えられた結果であるとすると，

$$-\frac{x(t)}{100}\times v\Delta t+\frac{b}{100}\times v\Delta t=-\frac{v\Delta t}{100}\{x(t)-b\}$$

に等しい．よって

$$\frac{V}{100}x'(t)\Delta t+\Big((\Delta t)^2\text{以上の項}\Big)=-\frac{v\Delta t}{100}\{x(t)-b\}.$$

$$\therefore\ \frac{V}{100}x'(t)+\Big((\Delta t)^1\text{以上の項}\Big)=-\frac{v}{100}\{x(t)-b\}$$

となる．この式で，$\Delta t\to 0$ とすれば

$$x'(t)=-\frac{v}{V}\{x(t)-b\}\qquad\qquad\cdots\cdots(*)$$

が得られる．

$(*)$ を解く．これは変数分離型であるが，第 7 章のタイプと見る方が早く解ける．

$$(x(t)-b)'=-\frac{v}{V}(x(t)-b)$$

と変形すれば，$y'(x)=ay(x)\Longrightarrow y(x)=Ce^{ax}$ から

$$x(t)-b=Ce^{-\frac{v}{V}t}.$$

$x(0)=a$ であったから，$a-b=C$．よって

$$x(t)-b=(a-b)e^{-\frac{v}{V}t}.\quad\therefore\ x(t)=b+(a-b)e^{-\frac{v}{V}t}.\qquad\square$$

13.3.4 解法についてのコメント

● 例題 13.6 の微分方程式の導出法では，各瞬間に食塩水が混じり合うという感じはあまりない．正確にやろうとするとどうしても不等式を使わざるを得ない．

● $a < b$ とする．このとき，食塩水はだんだん濃くなっていくから，

$$a < x(t) < x(t + \Delta t) < b$$

となっている．

● 時刻 t から $t + \Delta t$ の Δt の間，$b\,(\%)$ の食塩水から

$$\frac{b}{100} \times v\Delta t = \frac{vb}{100}\Delta t \quad \text{(kg)}$$

の食塩が供給された．

● 一瞬のうちに混じり合い，濃度 $x(t)\,(\%)$ から $x(t + \Delta t)\,(\%)$ までの食塩水がトータル $v\Delta t\,\text{(kg)}$ 排出されたと考えて，食塩の排出量は $\dfrac{x(t)}{100}v\Delta t\,\text{(kg)}$ から $\dfrac{x(t + \Delta t)}{100}v\Delta t\,\text{(kg)}$ の間である．

● よって時刻 t から $t + \Delta t$ までの Δt の間の食塩の量の変化量

$$\frac{V}{100}\{x(t + \Delta t) - x(t)\} = \frac{V}{100}x'(t)\Delta t + \left((\Delta t)^2 \text{以上の項}\right)$$

は，

$$\frac{vb}{100}\Delta t - \frac{x(t + \Delta t)}{100}v\Delta t < \frac{V}{100}x'(t)\Delta t + \left((\Delta t)^2 \text{以上の項}\right) < \frac{vb}{100}\Delta t - \frac{x(t)}{100}v\Delta t$$

の関係を満たす．よって

$$-\frac{v}{V}\{x(t + \Delta t) - b\} < x'(t) + \left((\Delta t)^1 \text{以上の項}\right) < -\frac{v}{V}\{x(t) - b\}$$

となり，$\Delta t \to 0$ とすれば，

$$x'(t) = -\frac{v}{V}\{x(t) - b\}$$

が得られる．

13.3.5　一様な重力場の下での一様な密度をもつ糸の形

電線の形を微分方程式を作ることにより求める．その形は**懸垂線**（カテナリー，catenary）と呼ばれ，座標系を適当に設定すれば

$$y = \frac{1}{2}(e^x + e^{-x})$$

と表される．微分方程式は釣り合いの式から導かれる．

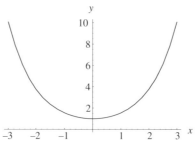

図 13.1　$y = \dfrac{1}{2}(e^x + e^{-x})$ のグラフ

13.3.6 使う数学的事実のまとめ

- $y = y(x)$ の $a \leqq x \leqq b$ の部分の曲線の長さは

$$\int_a^b \sqrt{1 + \left(\frac{dy}{dx}\right)^2}\, dx$$

で与えられる. これは点 $\boldsymbol{r} = (x, y(x))$ の速度は $\boldsymbol{r}' = (1, y')$ なので, 速さ $|\boldsymbol{r}'| = \sqrt{1 + (y')^2}$ を積分すれば曲線の長さ (道のり) が得られることから分かる.

- 微積分学の基本定理から,

$$\left(\int_a^x f(t)dt\right)' = f(x)$$

が成り立つ. 実際 $f(x)$ の原始関数を $F(x)$ とするとき, 次の計算から確かめられる.

$$\left(\int_a^x f(t)dt\right)' = \{F(x) - F(a)\}' = F'(x) = f(x). \qquad \Box$$

- $y = y(x)$ の $x = a$ における接線と x 軸の正の方向とのなす角を θ とすると, $y'(a)$ も $\tan\theta$ も接線の傾きを表すので,

$$y'(a) = \tan\theta$$

の関係が成り立つ.

- 例題 5.14(4) で示した導関数の式を不定積分の形で表すと

$$\int \frac{1}{\sqrt{x^2 + A}}\, dx = \log|x + \sqrt{x^2 + A}|$$

となる.

13.3.7 重さのある糸の形を決める

例題 **13.7**　重さをもつ一様な糸を 2 点で固定したとき, その糸の形を求めよう. 糸の線密度を $\rho > 0$, 重力加速度を $g > 0$ とする. 座標系を原点 O は糸の最底点, 水平方向を x 軸, 鉛直方向を y 軸にとる. 求める糸の形を表す式を, $y = y(x)$ とする. $y(x)$ は何回でも微分可能とする. 糸の上の任意の点 P$(x, y)\,(y = y(x))$ をとる. 座標系のとり方から, グラフは y 軸対称になっているはずなので, $x \geqq 0$ とする. 糸の OP 部分には, 原点 O に水平左向きに張力 T_0 (これは x によらない定数), 弧 OP の長さを $l = l(x)$ とすると重力 $\rho l g$, 点 P において糸の接線方向に張力 $T = T(x)$ がはたらき, これらが釣り合っている. 点 P における糸の接線と x 軸とのなす角を $\theta\ \left(0 < \theta < \dfrac{\pi}{2}\right)$ とする. このとき, 次の問いに答えよ.

(1) 糸の OP 部分についての x 軸, y 軸方向の釣り合いの式を立てよ.

(2) $T = T(x)$ を消去して, $\tan\theta = \dfrac{l}{a}\ \left(a = \dfrac{T_0}{\rho g}\right)$ を示せ.

(3) $y = y(x)$ は微分方程式 $y'' = \dfrac{1}{a}\sqrt{1 + (y')^2}$, $y'(0) = y(0) = 0$ を満たすことを示せ.

(4) $z = y'(x)$ とおく. $z = z(x)$ を求めよ.

(5) $y = y(x)$ を求めよ.

解　(1) x 軸方向には左端を引く張力 T_0 と右端の張力の x 成分 $T\cos\theta$ が釣り合っており，y 軸方向には下向きの重力 $\rho l g$ と右端の張力の y 成分 $T\sin\theta$ が釣り合う．よって

$$T_0 = T\cos\theta, \quad \rho l g = T\sin\theta$$

となる．

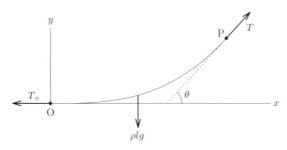

図 13.2　重さをもつ一様な系

(2) T を消去すれば

$$\tan\theta = \frac{T\sin\theta}{T\cos\theta} = \frac{\rho l g}{T_0} = \frac{l}{a} \qquad\qquad \cdots\cdots(*)$$

が得られる．

(3) 弧 OP の長さ $l = l(x)$ は $l = \displaystyle\int_0^x \sqrt{1 + y'(s)^2}\, ds$ と表され，$\left(\displaystyle\int_a^x f(t)dt\right)' = f(x)$ から

$$l'(x) = \sqrt{1 + y'(x)^2}$$

となる．よって $y'(x) = \tan\theta$ の両辺を x で微分し，$(*)$ を用いると

$$y''(x) = (\tan\theta)' = \frac{l'(x)}{a} = \frac{1}{a}\sqrt{1 + y'(x)^2}$$

が得られる．これが，求める曲線の満たすべき微分方程式である．また $y(0) = 0$ は，糸の最底点を原点にとったことを意味し，そこを通る水平線を x 軸にとったから，原点における糸の接線は x 軸，即ち $y'(0) = 0$ となる．

(4) $z = y'$ より，

$$\frac{dz}{dx} = \frac{1}{a}\sqrt{1 + z^2}, \quad z(0) = 0$$

となる．$\displaystyle\int \frac{1}{\sqrt{x^2 + A}} dx = \log|x + \sqrt{x^2 + A}|$ を使うと，

$$\int \frac{dz}{\sqrt{1 + z^2}} = \int \frac{1}{a} dx \Longrightarrow \log\left(z + \sqrt{z^2 + 1}\right) = \frac{1}{a}x + C$$

が得られる（$z + \sqrt{z^2 + 1} > 0$ に注意）．$z(0) = 0$ から $C = 0$ と分かる．

$$\log\left(z + \sqrt{z^2 + 1}\right) = \frac{1}{a}x \Longrightarrow z + \sqrt{z^2 + 1} = e^{\frac{x}{a}} \Longrightarrow \sqrt{z^2 + 1} = e^{\frac{x}{a}} - z$$

と変形し，両辺を 2 乗して整理する．

$$z^2 + 1 = e^{\frac{2x}{a}} - 2 \cdot e^{\frac{x}{a}} \cdot z + z^2 \Longrightarrow 2 \cdot e^{\frac{x}{a}} \cdot z = e^{\frac{2x}{a}} - 1 \Longrightarrow z = \frac{1}{2}\left(e^{\frac{x}{a}} - e^{-\frac{x}{a}}\right)$$

となる.

(5) $y'(x) = z(x)$ を積分して，$y(0) = 0$ に注意すれば

$$y = \frac{a}{2}\left(e^{\frac{x}{a}} + e^{-\frac{x}{a}}\right) - a$$

となる．よって求める曲線は，懸垂線（を平行移動，拡大縮小したもの）であることが分かる．□

13.3.8　電線の形は放物線に見えないか?

- 例題 13.7 より，電線の形は（平行移動して）カテナリー $y = \frac{a}{2}\left(e^{\frac{x}{a}} + e^{-\frac{x}{a}}\right)$ であるが，放物線の形には見えないであろうか.

- e^x のテイラー展開 $e^x = 1 + x + \frac{1}{2}x^2 + \frac{1}{3!}x^3 + \cdots$ で x が小さいとき，$e^x = 1 + x + \frac{1}{2}x^2$ と近似する．このときカテナリーは

$$y = \frac{a}{2}\left\{1 + \frac{x}{a} + \frac{x^2}{2a^2} + 1 + \left(\frac{-x}{a}\right) + \frac{x^2}{2a^2}\right\} = a + \frac{x^2}{2a}$$

と放物線になる.

- すなわち電線の最低部分あたりだけを見る（x が小さい）と，確かに放物線に見えるのである.

演習問題

13.1　次の微分方程式の一般解を求めよ.

(1) $\dfrac{dy}{dx} = x(1 + y^2)$　　(2) $\dfrac{dy}{dx} = x^2 y^2$　　(3) $x\dfrac{dy}{dx} = 2y(y + 2)$

13.2　次の微分方程式を解け.

$$\frac{dy}{dx} = e^{x-y}, \quad y(0) = \log 2$$

13.3　$k > 0, a > 0$ は定数とする．$y(x)$ が

$$y''(x) = -ky'(x), \quad y'(0) = a, \quad y(0) = 0$$

を満たすとき，$y(x)$ を求めよ.

13.4　次のそれぞれの条件を満たす曲線の式を求めよ.

(1) 曲線上の任意の点における接線の傾きは，その点の y 座標に比例し（比例定数 k），点 $(0,1)$ を通る.

(2) 第 1 象限で曲線上の任意の点 P における接線が両座標軸と交わる点をそれぞれ A, B とするとき，線分 AB の中点が常に P となり，点 $(2,3)$ を通る.

(3) 法線が常に原点を通る.

13.5　物質 A, B が反応して C なる物質が生ずる化学反応を考える．A, B の初めの量をそれぞれ a, b，反応開始後時間 t における C の量を x とするとき，

$$x(0) = 0, \quad \frac{dx}{dt} = k(a - x)(b - x) \quad (0 \leqq x < a, b; k > 0)$$

の関係が成り立つとする．このとき

(1) $a \neq b$ ならば

$$k = \frac{1}{t(b-a)} \log \frac{a(b-x)}{b(a-x)},$$

(2) $a = b$ ならば

$$k = \frac{x}{ta(a-x)}$$

が成り立つことを示せ．

13.6　ある物質の時刻 t での量 $x = x(t)$ が微分方程式

$$\frac{dx}{dt} = -k\sqrt{x} \ (k > 0), \quad x(0) = a^2 \quad (a > 0)$$

に従って反応していくとする．このとき

(1) $x(t)$ を求めよ．

(2) $x(T) = \dfrac{a^2}{4}$ となる時刻 T を k, a で表せ．ただし，$x(t) = 0$ なる時刻以後は考えないとせよ．

13.7　ある物質 A が分解して物質 B, C が生成されるとする．時刻 t での A, B, C の量をそれぞれ $x = x(t), y = y(t), z = z(t)$ とするとき，x, y, z は微分方程式

$$\frac{dx}{dt} = -(k_1 + k_2)x, \quad x(0) = a,$$

$$\frac{dy}{dt} = k_1 x, \quad y(0) = 0,$$

$$\frac{dz}{dt} = k_2 x, \quad z(0) = 0$$

を満たすとする．ここで $a, k_1, k_2 > 0$ は定数である．このとき

(1) $x(t), y(t), z(t)$ を求めよ．

(2) $\displaystyle\lim_{t \to \infty} y(t), \ \lim_{t \to \infty} z(t)$ を求めよ．

第 **14** 章

データの平均・分散・回帰直線を計算する

　n 個のデータの特徴は，平均・分散・標準偏差という量で測られることが多い．その意味と計算法を学ぶ．また，n 個の 2 次元データの点に最も近い直線を求めなければいけない場面も多い．そのやり方（最小 2 乗法）を取り上げる．

14.1 シグマ ($\sum$) 記号の性質と和の公式を使う

14.1.1 シグマ記号は和を表す

> **定義 14.1（シグマ記号の定義）**　a_1 から a_n までの和を
>
> $$\sum_{i=1}^{n} a_i = a_1 + a_2 + a_3 + \cdots + a_n$$
>
> と表す．特に
>
> $$\sum_{i=1}^{n} 1 = \underbrace{1 + 1 + \cdots + 1}_{n \, \text{個}} = n$$
>
> である．

- 添字（サフィックス）は何を使っても良い：$\displaystyle\sum_{i=1}^{n} a_i = \sum_{j=1}^{n} a_j$.

- しかし $\displaystyle\sum_{i=1}^{n} a_j$ は，$\displaystyle\sum_{i=1}^{n} a_j = \underbrace{a_j + a_j + \cdots + a_j}_{n \, \text{個}} = n a_j$ を意味することに注意する.

14.1.2 Σ 記号と和・実数倍は交換できる

> **シグマ記号の性質**
>
> $$\sum_{k=1}^{n}(a_k + b_k) = \sum_{k=1}^{n} a_k + \sum_{k=1}^{n} b_k, \quad \sum_{k=1}^{n} c \cdot a_k = c \sum_{k=1}^{n} a_k \quad (c \text{ は定数})$$

証明 $n = 3$ で例示する.

- $$\sum_{i=1}^{3}(a_i + b_i) = (a_1 + b_1) + (a_2 + b_2) + (a_3 + b_3)$$
$$= (a_1 + a_2 + a_3) + (b_1 + b_2 + b_3) = \sum_{i=1}^{3} a_i + \sum_{i=1}^{3} b_i$$

- $$\sum_{i=1}^{3} c \cdot a_i = ca_1 + ca_2 + ca_3 = c(a_1 + a_2 + a_3) = c \cdot \sum_{i=1}^{3} a_i$$　　　□

14.1.3 和の公式を導く

> **和の公式**
>
> - $$\sum_{i=1}^{n} 1 = \underbrace{1 + 1 + \cdots + 1}_{n \text{ 個}} = n$$
> - $$\sum_{k=1}^{n} k = 1 + 2 + 3 + \cdots + n = \frac{n(n+1)}{2}$$
> - $$\sum_{k=1}^{n} k^2 = 1^2 + 2^2 + 3^2 + \cdots + n^2 = \frac{1}{6}n(n+1)(2n+1)$$
> - $$\sum_{k=1}^{n} k^3 = 1^3 + 2^3 + 3^3 + \cdots + n^3 = \left\{\frac{n(n+1)}{2}\right\}^2$$

証明 $S_1 = 1 + 2 + 3 + \cdots + n$ とおく. 右辺を逆の順序で足し合わせる.

$$
\begin{array}{ccccccccccc}
 & S_1 & = & 1 & + & 2 & + & \cdots & + & (n-1) & + & n \\
+) & S_1 & = & n & + & (n-1) & + & \cdots & + & 2 & + & 1 \\
\hline
 & 2S_1 & = & (n+1) & + & (n+1) & + & \cdots & + & (n+1) & + & (n+1) & = n(n+1).
\end{array}
$$

よって, $S_1 = \dfrac{n(n+1)}{2}$ である.

次に $S_2 = 1^2 + 2^2 + 3^2 + \cdots + n^2$ とおく. 等式

$$(k+2)(k+1)k - (k+1)k(k-1) = 3 \cdot k^2 + 3 \cdot k$$

が成り立つから, $k = 1, 2, \cdots, n$ を代入して縦に足し合わせる.

$$
\begin{array}{rcll}
(k+2)(k+1)k - (k+1)k(k-1) & = & 3 \cdot k^2 & + \quad 3 \cdot k \\
\hline
3 \cdot 2 \cdot 1 - 0 & = & 3 \cdot 1^2 & + \quad 3 \cdot 1 \\
4 \cdot 3 \cdot 2 - 3 \cdot 2 \cdot 1 & = & 3 \cdot 2^2 & + \quad 3 \cdot 2 \\
\vdots \quad \vdots & & \vdots & \quad \vdots \\
(n+1)n(n-1) - n(n-1)(n-2) & = & 3 \cdot (n-1)^2 & + \quad 3 \cdot (n-1) \\
+) \quad (n+2)(n+1)n - (n+1)n(n-1) & = & 3 \cdot n^2 & + \quad 3 \cdot n \\
\hline
(n+2)(n+1)n & = & 3S_2 & + \quad 3S_1
\end{array}
$$

これより,

$$
S_2 = \frac{1}{3}(n+2)(n+1)n - S_1 = \frac{1}{3}(n+2)(n+1)n - \frac{1}{2}n(n+1)
$$
$$
= \frac{1}{6}n(n+1)\{2(n+2) - 3\} = \frac{1}{6}n(n+1)(2n+1)
$$

が得られる.

最後に, $S_3 = 1^3 + 2^3 + 3^3 + \cdots + n^3$ とおく. 等式

$$
(k+3)(k+2)(k+1)k - (k+2)(k+1)k(k-1) = 4 \cdot k^3 + 12 \cdot k^2 + 8 \cdot k
$$

が成り立つから, $k = 1, 2, \cdots, n$ を代入して縦に足し合わせる.

$$
\begin{array}{rclll}
(k+3)(k+2)(k+1)k - (k+2)(k+1)k(k-1) = & 4 \cdot k^3 & +12 \cdot k^2 & +8 \cdot k \\
\hline
4 \cdot 3 \cdot 2 \cdot 1 - 0 = & 4 \cdot 1^3 & +12 \cdot 1^2 & +8 \cdot 1 \\
5 \cdot 4 \cdot 3 \cdot 2 - 4 \cdot 3 \cdot 2 \cdot 1 = & 4 \cdot 2^3 & +12 \cdot 2^2 & +8 \cdot 2 \\
\vdots \quad \vdots & \vdots & & \vdots \\
+)(n+3)(n+2)(n+1)n - (n+2)(n+1)n(n-1) = & 4 \cdot n^3 & +12 \cdot n^2 & +8 \cdot n \\
\hline
(n+3)(n+2)(n+1)n = & 4S_3 & +12S_2 & +8S_1
\end{array}
$$

これより,

$$
S_3 = \frac{1}{4}(n+3)(n+2)(n+1)n - 3S_2 - 2S_1
$$
$$
= \frac{1}{4}(n+3)(n+2)(n+1)n - \frac{1}{2}n(n+1)(2n+1) - n(n+1)
$$
$$
= \frac{1}{4}n(n+1)\{(n+3)(n+2) - 2(2n+1) - 4\} = \frac{1}{4}n^2(n+1)^2
$$

となる. $\qquad \qquad \qquad \qquad \qquad \qquad \qquad \qquad \qquad \qquad \square$

14.1.4 和の公式を使う練習をする

例題 14.2 n を 3 以上の自然数とするとき, 次の和を求めよ.

$$
(1) \sum_{k=1}^{n}(2k+1) \qquad (2) \sum_{l=1}^{n} l(l-2) \qquad (3) \sum_{p=1}^{n-2} 4(p+2)^3
$$

解　(1), (2) は和の記号 + と実数倍を $\sum$ 記号の外に出して，和の公式を用いる．

(1) $\displaystyle\sum_{k=1}^{n}(2k+1) = 2\sum_{k=1}^{n}k + \sum_{k=1}^{n}1 = 2\cdot\frac{n(n+1)}{2} + n = n(n+2),$

(2) $\displaystyle\sum_{l=1}^{n}l(l-2) = \sum_{l=1}^{n}l^2 - 2\sum_{l=1}^{n}l = \frac{1}{6}n(n+1)(2n+1) - 2\cdot\frac{n(n+1)}{2}$

$\displaystyle\qquad\qquad = \frac{1}{6}n(n+1)(2n-5).$

(3) は $k = p+2$ と置き換えると，$k = 3$ から n までの k^3 の和となる．後は $k = 1, 2$ の分を引いて，$k = 1$ から n までの和の公式を使う．

$$\sum_{p=1}^{n-2}4(p+2)^3 = 4\sum_{k=3}^{n}k^3 = 4\sum_{k=1}^{n}k^3 - 4(1^3 + 2^3) = 4\cdot\frac{n^2(n+1)^2}{4} - 36$$

$$= n^2(n+1)^2 - 6^2 = \{n(n+1)+6\}\{n(n+1)-6\} = (n^2+n+6)(n+3)(n-2). \quad\square$$

14.2　1 次元データの平均・分散

n 個のデータ $x_1, x_2, \cdots, x_n$ が与えられたとき，その平均・分散を計算する方法を学ぶ．データは実験・試行をするごとに違った数値で得られる．そこでデータを変数 X のとる値と考え，X の平均・分散といういい方をする．次章ではこれを確率変数と呼び確率計算と結びつける．

14.2.1　平均は値を均したもの・分散はデータの平均への集中度を表す

> **定義 14.3（平均・分散の定義）**　変数 X が n 個の値 $x_1, x_2, x_3, \cdots, x_n$ をとるとき，X の**平均** $E(X)$，**2 乗平均** $E(X^2)$，**分散** $\sigma(X)^2$ をそれぞれ
>
> $$E(X) = \frac{1}{n}\sum_{k=1}^{n}x_k = \frac{x_1 + x_2 + \cdots + x_n}{n},$$
>
> $$E(X^2) = \frac{1}{n}\sum_{k=1}^{n}x_k^2 = \frac{x_1^2 + x_2^2 + \cdots + x_n^2}{n},$$
>
> $$\sigma(X)^2 = \frac{1}{n}\sum_{k=1}^{n}(x_k - E(X))^2$$
>
> で定義する．

- 平均 $E(X)$ は，期待値 (expectation value) とも呼ばれる．また $\overline{X}$ や $< X >$ とも書かれる．
- 分散は，X のとる値が平均の周りにどの程度集中しているかを表す指標である．分散が小さいほど，X のとる値は平均の周りに集まっている．$\sigma(X)^2$ は 0 以上の数で，$\sigma(X)^2 = 0$ となるのは $x_1 = x_2 = \cdots = x_n$ のときである．
- 分散 (variance) は $V(X)$ とも書く．
- 分散を $\sigma(X)^2$ と書くのは，$\sigma(X)$ に**標準偏差**という名前をつけるためである．
- 標準偏差を考えるのは，変数 X の単位と同じにするためである．例えば $X = $ 「長さ (cm)」の

とき，分散の単位は cm^2 で面積の単位で長さの散らばり具合を測ることになり，少し変である．標準偏差で見ると単位は cm で元に戻っている．

14.2.2 平均・2乗平均・分散の計算練習

例題 14.4　X が $1,2,3,4$ の4個の値をとるとする．このとき，X の平均・2乗平均・分散をそれぞれ計算せよ．

解　定義通り計算する．

$$E(X) = \frac{1+2+3+4}{4} = \frac{5}{2}, \quad E(X^2) = \frac{1^2+2^2+3^2+4^2}{4} = \frac{15}{2},$$

$$\sigma(X)^2 = \frac{1}{4}\left\{\left(1-\frac{5}{2}\right)^2 + \left(2-\frac{5}{2}\right)^2 + \left(3-\frac{5}{2}\right)^2 + \left(4-\frac{5}{2}\right)^2\right\} = \frac{5}{4}. \qquad \square$$

ここで

$$\frac{5}{4} = \frac{15}{2} - \left(\frac{5}{2}\right)^2$$

となっていることに注意しよう．一般に次の公式が成り立つ．

14.2.3 分散 ＝(2乗平均)−(平均の2乗)

分散を求める公式
$\sigma(X)^2 = E(X^2) - E(X)^2$ の関係が成り立つ．

証明　変数 X は，n 個の値 $x_1, x_2, x_3, \cdots, x_n$ をとるとする．

$$\sigma(X)^2 = \frac{1}{n}\sum_{k=1}^{n}(x_k - E(X))^2 \quad \left(\sum \text{ の内側のカッコの2乗を展開する}\right)$$

$$= \frac{1}{n}\sum_{k=1}^{n}(x_k^2 - 2E(X)x_k + E(X)^2) \quad \left(\text{和の記号と実数倍を} \sum \text{ の外に出す}\right)$$

$$= \frac{1}{n}\sum_{k=1}^{n}x_k^2 - 2E(X)\frac{1}{n}\sum_{k=1}^{n}x_k + E(X)^2\frac{1}{n}\sum_{k=1}^{n}1 \quad \left(\sum_{k=1}^{n}1 = n \text{ に注意する}\right)$$

$$= E(X^2) - 2E(X)E(X) + E(X)^2$$

$$= E(X^2) - E(X)^2. \qquad \square$$

14.2.4 公式を用いて分散を計算する

例題 14.5　変数 X は5つの値 $x_1 = 1, x_2 = 5, x_3 = a, x_4 = 13, x_5 = 19$ をとり，平均が $a+2$ であるとする．このとき次の問いに答えよ．
(1) a の値を求めよ．
(2) X の2乗平均の値を求めよ．
(3) X の分散の値を求めよ．

解　(1) $\dfrac{1+5+a+13+19}{5} = a+2$ より，$a+38 = 5a+10$. よって $a = 7$.

(2) $E(X^2) = \dfrac{1+25+49+169+361}{5} = \dfrac{605}{5} = 121$.

(3) $E(X) = a+2 = 9$ より，

$$\sigma(X)^2 = E(X^2) - E(X)^2 = 121 - 81 = 40.$$

14.3 ２次元データの相関係数

　例えば $(X, Y) = $(身長，体重) のように，２種類のデータの間に関係があるのかどうかを問題にしたい．そのとき，相関係数という指標がある．

14.3.1 共分散は X と Y のそれぞれの平均からのずれの積の平均値である

定義 14.6（XY の平均・X と Y の共分散の定義）　２つの変数 X と Y のペア (X, Y) が n 個の値 $(x_1, y_1), (x_2, y_2), \cdots, (x_n, y_n)$ をとるとき，XY の**平均** $E(XY)$，X と Y の**共分散** $\sigma(XY)$ をそれぞれ

$$E(XY) = \frac{1}{n}\sum_{k=1}^{n} x_k y_k = \frac{x_1 y_1 + x_2 y_2 + \cdots + x_n y_n}{n},$$

$$\sigma(XY) = \frac{1}{n}\sum_{k=1}^{n}(x_k - E(X))(y_k - E(Y))$$

で定義する．

- 共分散の定義式は複雑であるが，次のように実際の計算に便利な公式がある．

14.3.2 共分散 ＝(積の平均)−(平均の積)

共分散を求める公式
　$\sigma(XY) = E(XY) - E(X)E(Y)$ の関係が成り立つ．

証明　(X, Y) が n 個の値 $(x_1, y_1), (x_2, y_2), \cdots, (x_n, y_n)$ をとるとする．

$$\sigma(XY) = \frac{1}{n}\sum_{k=1}^{n}(x_k - E(X))(y_k - E(Y))$$

$$= \frac{1}{n}\sum_{k=1}^{n}(x_k y_k - E(Y)x_k - E(X)y_k + E(X)E(Y))$$

$$= \frac{1}{n}\sum_{k=1}^{n} x_k y_k - E(Y)\frac{1}{n}\sum_{k=1}^{n} x_k - E(X)\frac{1}{n}\sum_{k=1}^{n} y_k - E(X)E(Y)\frac{1}{n}\sum_{k=1}^{n} 1$$

$$= E(XY) - E(Y)E(X) - E(X)E(Y) + E(X)E(Y)$$

$$= E(XY) - E(X)E(Y).$$

14.3.3 公式を用いて共分散を計算する

> **例題 14.7** 4つの2次元データ $(X, Y) = (2, 1.6), (4, 5.3), (6, 8.4), (8, 14.1)$ について次の問いに答えよ.
>
> (1) X の平均 $E(X)$ を求めよ.
>
> (2) Y の平均 $E(Y)$ を求めよ.
>
> (3) XY の平均 $E(XY)$ を求めよ.
>
> (4) X と Y の 共分散 $\sigma(XY)$ を求めよ.

解 (1) $E(X) = \dfrac{2+4+6+8}{4} = \dfrac{20}{4} = 5$

(2) $E(Y) = \dfrac{1.6+5.3+8.4+14.1}{4} = \dfrac{29.4}{4} = 7.35$

(3) $E(XY) = \dfrac{3.2+21.2+50.4+112.8}{4} = \dfrac{187.6}{4} = 46.9$

(4) $\sigma(XY) = E(XY) - E(X)E(Y) = 46.9 - 36.75 = 10.15$ □

14.3.4 相関係数は X と Y がどの程度直線の関係にあるか表す指標である

> **定義 14.8（相関係数の定義）** X, Y の相関係数 r を
>
> $$r = \frac{\sigma(XY)}{\sqrt{\sigma(X)^2 \cdot \sigma(Y)^2}} = \frac{X \text{ と } Y \text{ の共分散}}{\sqrt{(X \text{ の分散}) \cdot (Y \text{ の分散})}}$$
>
> で定義する.

- データ $(x_i, y_i)(i = 1, 2, \cdots, n)$ が直線の関係にあるかどうかを示す.
- $-1 \leqq r \leqq 1$
- r は ± 1 に近いほど，データ $(x_i, y_i)(i = 1, 2, \cdots, n)$ が直線の関係に近い.
- $r = \pm 1$ のとき，データ $(x_i, y_i)(i = 1, 2, \cdots, n)$ は1つの直線上にある.
- $|r| \geqq 0.7$ のとき，「強い相関関係」があるという.
- 相関係数 r が小さいときは，X, Y に直線的な関係がないといえるのみである. $X^2 + Y^2 = a^2$ など別の関係があるかもしれない.

14.3.5 円周上に全データが載っていても，相関係数 0 の場合がある

例題 14.9 半径 1 の円周上にある 8 個の 2 次元データ

$$(X,Y) = (\pm 1, 0), \quad (0, \pm 1), \quad \pm\left(\frac{1}{\sqrt{2}}, \ \frac{1}{\sqrt{2}}\right), \quad \pm\left(\frac{1}{\sqrt{2}}, \frac{-1}{\sqrt{2}}\right)$$

について次の問いに答えよ.

(1) X の平均 $E(X)$ を求めよ.

(2) Y の平均 $E(Y)$ を求めよ.

(3) XY の平均 $E(XY)$ を求めよ.

(4) X と Y の共分散 $\sigma(XY)$ を求めよ.

(5) X と Y の相関係数 r を求めよ.

解 (1) $E(X) = \dfrac{1 + (-1) + 0 + 0 + \dfrac{1}{\sqrt{2}} + \left(\dfrac{-1}{\sqrt{2}}\right) + \dfrac{1}{\sqrt{2}} + \left(\dfrac{-1}{\sqrt{2}}\right)}{8} = 0$

(2) $E(Y) = \dfrac{0 + 0 + 1 + (-1) + \dfrac{1}{\sqrt{2}} + \left(\dfrac{-1}{\sqrt{2}}\right) + \left(\dfrac{-1}{\sqrt{2}}\right) + \dfrac{1}{\sqrt{2}}}{8} = 0$

(3) $E(XY)$

$= \dfrac{1 \cdot 0 + (-1) \cdot 0 + 0 \cdot 1 + 0 \cdot (-1) + \left(\dfrac{1}{\sqrt{2}}\right) \cdot \left(\dfrac{1}{\sqrt{2}}\right) + \left(\dfrac{-1}{\sqrt{2}}\right) \cdot \left(\dfrac{-1}{\sqrt{2}}\right) + \left(\dfrac{1}{\sqrt{2}}\right) \cdot \left(\dfrac{-1}{\sqrt{2}}\right) + \left(\dfrac{-1}{\sqrt{2}}\right) \cdot \left(\dfrac{1}{\sqrt{2}}\right)}{8}$

$= \dfrac{1-1}{8} = 0$

(4) $\sigma(XY) = E(XY) - E(X)E(Y) = 0 - 0 \cdot 0 = 0$

(5) X も Y も同じ値ばかりではないので，分散について，$\sigma(X)^2 \neq 0, \sigma(Y)^2 \neq 0$ である.

よって，$r = \dfrac{\sigma(XY)}{\sqrt{\sigma(X)^2 \cdot \sigma(Y)^2}} = \dfrac{0}{\sqrt{\sigma(X)^2 \cdot \sigma(Y)^2}} = 0$ である. □

- もっと一般に，n を 3 以上の自然数とするとき，単位円周上の n 個のデータ $(X,Y) = \left(\cos\left(\dfrac{2\pi}{n}k\right), \sin\left(\dfrac{2\pi}{n}k\right)\right)$ $(k = 1, 2, \cdots, n)$ に対して相関係数は 0 であることが分かる.

- よって相関係数 $r = 0$ は互いに関係がないというわけではなく，$r = \pm 1$ で直線関係になることから，最も直線の関係から離れた状態といっているに過ぎない.

14.3.6 $-1 \leqq r \leqq 1$ はシュワルツの不等式から導びかれる

定理 14.10（シュワルツの不等式） 実数 a_k, b_k $(k = 1, 2, \cdots, n)$ に対して，不等式

$$\left(\sum_{k=1}^{n} a_k b_k\right)^2 \leqq \left(\sum_{k=1}^{n} a_k^2\right)\left(\sum_{k=1}^{n} b_k^2\right)$$

が成立する. 等号は，$a_k = 0$ $(k = 1, 2, \ldots, n)$ のとき，または，ある実数 t があって $b_k = ta_k$ $(k = 1, 2, \ldots, n)$ の関係が成り立つときに限る.

- 平面内の 2 つのベクトル $\boldsymbol{a} = (a_1, a_2), \boldsymbol{b} = (b_1, b_2)$ のなす角を θ とすると，内積の 2 乗は，$\cos^2\theta \leqq 1$ に注意すれば

$$(a_1 b_1 + a_2 b_2)^2 = (\boldsymbol{a} \cdot \boldsymbol{b})^2 = (|\boldsymbol{a}||\boldsymbol{b}|\cos\theta)^2 \leqq |\boldsymbol{a}|^2 |\boldsymbol{b}|^2$$
$$= (a_1^2 + a_2^2)(b_1^2 + b_2^2)$$

となり，これはシュワルツの不等式の $n = 2$ の場合である.

- $n = 3$ のときも空間内のベクトルを考えれば，$(\boldsymbol{a} \cdot \boldsymbol{b})^2 \leqq |\boldsymbol{a}|^2 |\boldsymbol{b}|^2$ がシュワルツの不等式になる.

証明

- $A = \displaystyle\sum_{k=1}^{n} a_k^2,\ B = \displaystyle\sum_{k=1}^{n} a_k b_k,\ C = \displaystyle\sum_{k=1}^{n} b_k^2$ とおく. $A > 0$ の場合を示す（$A = 0$ のときは，$a_k = 0\,(k = 1, 2, \ldots, n)$ より，明らか）.

- 任意の実数 t に対して，

$$0 \leqq \sum_{k=1}^{n}(ta_k - b_k)^2 = \sum_{k=1}^{n}(t^2 a_k^2 - 2ta_k b_k + b_k^2)$$
$$= t^2 \sum_{k=1}^{n} a_k^2 - 2t\sum_{k=1}^{n} a_k b_k + \sum_{k=1}^{n} b_k^2$$
$$= t^2 A - 2tB + C \qquad\qquad \cdots\cdots(*)$$

が成り立つ.

- $(*)$ で $t = \dfrac{B}{A}$ とおく.

$$0 \leqq \frac{B^2}{A} - 2\frac{B^2}{A} + C = \frac{-B^2 + AC}{A}.$$

- 分母の $A > 0$ を払って

$$0 \leqq -B^2 + AC. \quad \therefore B^2 \leqq AC.$$

- シュワルツの不等式の等号が成り立つ場合を考える. $B^2 = AC$ とする.
- $(*)$ で $t = J\dfrac{B}{A}$ とおくと

$$0 \leqq \sum_{k=1}^{n}(ta_k - b_k)^2 = \frac{-B^2 + AC}{A} = 0$$

- よって $b_k = ta_k\,(k = 1, 2, \ldots, n)$ の関係が成り立つ.
- 逆にこのとき，

$$B^2 = \left(\sum_{k=1}^{n} a_k \cdot ta_k\right)^2 = t^2\left(\sum_{k=1}^{n} a_k^2\right)^2 = \left(\sum_{k=1}^{n} a_k^2\right)\left(\sum_{k=1}^{n}(ta_k)^2\right) = AC$$

なので，シュワルツの不等式の等号が成り立っている. □

14.3.7 相関係数 r は $-1 \leqq r \leqq 1$ を満たす

> **定理 14.11** 変数 (X, Y) が n 個の値 $(x_1, y_1), (x_2, y_2), \cdots, (x_n, y_n)$ をとり，X と Y の分散は 0 でないとする．このとき相関係数 r は $-1 \leqq r \leqq 1$ を満たし，$r = \pm 1$ となるのは，n 個のデータがある直線上に並ぶときに限る．

証明 ● $\sigma(XY) = \displaystyle\sum_{k=1}^{n} \left(\frac{x_k - E(X)}{\sqrt{n}} \right) \left(\frac{y_k - E(Y)}{\sqrt{n}} \right)$，$\sigma(X)^2 = \displaystyle\sum_{k=1}^{n} \left(\frac{x_k - E(X)}{\sqrt{n}} \right)^2$ と見る（$(\sigma(Y))^2$ についても同様）．

● シュワルツの不等式

$$\left(\sum_{k=1}^{n} a_k b_k \right)^2 \leqq \left(\sum_{k=1}^{n} a_k^2 \right) \left(\sum_{k=1}^{n} b_k^2 \right), \quad a_k = \frac{x_k - E(X)}{\sqrt{n}}, \quad b_k = \frac{y_k - E(Y)}{\sqrt{n}}$$

を適用する．

● $\sigma(XY)^2 \leqq \sigma(X)^2 \cdot \sigma(Y)^2$ が分かる．$\sigma(X)^2 \neq 0, \sigma(X)^2 \neq 0$ としているので，$r^2 \leqq 1$ が得られる．

● $r^2 = 1$ の場合は，$\sigma(XY)^2 = \sigma(X)^2 \cdot \sigma(Y)^2$ が成り立つ．

● これはシュワルツの不等式で等号が成り立つ場合なので，ある定数 t があって，$b_k = t a_k \, (k = 1, 2, \cdots, n)$ の関係が成り立つ．

● x_k, y_k で表すと

$$\frac{y_k - E(Y)}{\sqrt{n}} = t \frac{x_k - E(X)}{\sqrt{n}} \quad (k = 1, 2, \cdots, n)$$

となる．よって全データは，直線

$$y = t(x - E(X)) + E(Y)$$

上にある． □

14.4 回帰直線

相関係数は 2 次元データが直線の関係に近いかどうかを測る指標であった．今度は 2 次元データ（平面上の点）が与えられたとき，すべての点に最も近い直線は何かを問題にしよう．

14.4.1 問題設定：n 個の点に最も近いとはどういう意味か

┌─ これから考える問題 ─────────────

n 個の点 $(x_1, y_1), (x_2, y_2), \cdots, (x_n, y_n)$ が与えられたとき，この「n 個の点に最も近い」直線を求めよ．

└──────────────────────────

● 「n 個の点に最も近い」という意味を「誤差の 2 乗和が最小」と理解する．

● 誤差には正負があるから 2 乗してすべて正にして，誤差同士の打ち消し合いをなくしている．

● さらに誤差とは，y 方向（y 軸方向）の誤差を意味する．

- 直線：$y = ax + b$ と 点 (x_k, y_k) との y 方向の誤差の 2 乗は

$$(y_k - ax_k - b)^2$$

である.

- よって n 個の点 $(x_1, y_1), (x_2, y_2), \cdots, (x_n, y_n)$ の直線 $y = ax + b$ に対する y 方向の誤差の 2 乗和は

$$\sum_{k=1}^{n} (y_k - ax_k - b)^2$$

である. この量を最小にする a, b を求めたい. 答は次で与えられる.

14.4.2 誤差の 2 乗和を最小にする

> **定理 14.12（回帰直線の求め方）** n 個の点 $(x_1, y_1), (x_2, y_2), \cdots, (x_n, y_n)$ （$x_1 = x_2 = \cdots = x_n$ の場合は除く）に対して,
>
> $$\sum_{k=1}^{n} (y_k - ax_k - b)^2$$
>
> を最小にする定数 a, b は
>
> $$a = \frac{\sigma(XY)}{\sigma(X)^2}, \quad b = -aE(X) + E(Y)$$
>
> である. すなわち n 個の点の（上に述べた意味で）最も近くを通る直線が $y = ax + b$ である.

- 定理 14.12 で求めた直線 $y = ax + b$ のことを**回帰直線**という.
- 2 乗和を最小にして意味のある量を取り出す方法を**最小 2 乗法**という.
- 回帰直線は, 優生学者ゴルトン (Francis Galton, 1822–1911) が命名した. 身長の高い男達とその息子達の身長を比較し, 父親の代に比べて息子達の身長の方がより平均身長に近づいていくことを発見した. 遺伝の結果, 平均に戻っていく（回帰していく）ことを示す直線として初めて登場したので, この名前が残っているようである.

証明 まず $(y_k - ax_k - b)^2$ を展開して a, b の 2 次式の形にする.

$$
\begin{aligned}
I(a, b) &= \frac{1}{n} \sum_{k=1}^{n} (y_k - ax_k - b)^2 \\
&= \frac{1}{n} \sum_{k=1}^{n} (y_k^2 + a^2 x_k^2 + b^2 - 2ax_k y_k + 2abx_k - 2by_k) \\
&= \frac{1}{n} \sum_{k=1}^{n} y_k^2 + a^2 \frac{1}{n} \sum_{k=1}^{n} x_k^2 + b^2 \frac{1}{n} \sum_{k=1}^{n} 1 - 2a \frac{1}{n} \sum_{k=1}^{n} x_k y_k + 2ab \frac{1}{n} \sum_{k=1}^{n} x_k - 2b \frac{1}{n} \sum_{k=1}^{n} y_k \\
&= E(Y^2) + a^2 E(X^2) + b^2 - 2aE(XY) + 2abE(X) - 2bE(Y) \\
&= b^2 - 2(E(Y) - aE(X))b + E(X^2)a^2 - 2E(XY)a + E(Y^2).
\end{aligned}
$$

次に平方完成：$x^2 - 2ax = (x-a)^2 - a^2$ を 2 回繰り返す．このとき

$$\sigma(X)^2 = E(X^2) - E(X)^2, \quad \sigma(XY) = E(XY) - E(X)E(Y)$$

の関係に注意する．

$$
\begin{aligned}
I(a,b) =& \{b - (E(Y) - aE(X))\}^2 - (E(Y) - aE(X))^2 \\
& + E(X^2)a^2 - 2E(XY)a + E(Y^2) \\
=& \{b - (E(Y) - aE(X))\}^2 \\
& + (E(X^2) - E(X)^2)a^2 - 2(E(XY) - E(X)E(Y))a \\
& + (E(Y^2) - E(Y)^2) \\
=& \{b - (E(Y) - aE(X))\}^2 + \sigma(X)^2 a^2 - 2\sigma(XY)a + \sigma(Y)^2 \\
=& \{b - (E(Y) - aE(X))\}^2 + \sigma(X)^2 \left(a - \frac{\sigma(XY)}{\sigma(X)^2}\right) v^2 \\
& + \frac{\sigma(X)^2 \sigma(Y)^2 - \sigma(XY)^2}{\sigma(X)^2}.
\end{aligned}
$$

これより

$$\{b - (E(Y) - aE(X))\}^2 \geqq 0, \quad \sigma(X)^2 \left(a - \frac{\sigma(XY)}{\sigma(X)^2}\right)^2 \geqq 0$$

であるから，$I(a,b)$ が最小となるのは

$$b = E(Y) - aE(X), \quad a = \frac{\sigma(XY)}{\sigma(X)^2}$$

のときと分かる． □

14.4.3 回帰直線を求める計算練習をする

> **例題 14.13**　4 点 $(1, 3.2), (2, 4.9), (3, 6.7), (4, 9.2)$ の最も近くを通る直線を求めよ．

解

$$E(X) = \frac{1 + 2 + 3 + 4}{4} = 2.5, \quad E(X^2) = \frac{1^2 + 2^2 + 3^2 + 4^2}{4} = 7.5,$$

$$\sigma(X)^2 = 7.5 - (2.5)^2 = 1.25, \quad E(Y) = \frac{3.2 + 4.9 + 6.7 + 9.2}{4} = 6,$$

$$E(XY) = \frac{1 \times 3.2 + 2 \times 4.9 + 3 \times 6.7 + 4 \times 9.2}{4} = 17.475,$$

$\sigma(XY) = 17.475 - 2.5 \times 6 = 2.475.$ $\quad \therefore a = \dfrac{2.475}{1.25} = 1.98, \quad b = -1.98 \times 2.5 + 6 = 1.05.$
よって求める直線は，$y = 1.98x + 1.05.$ □

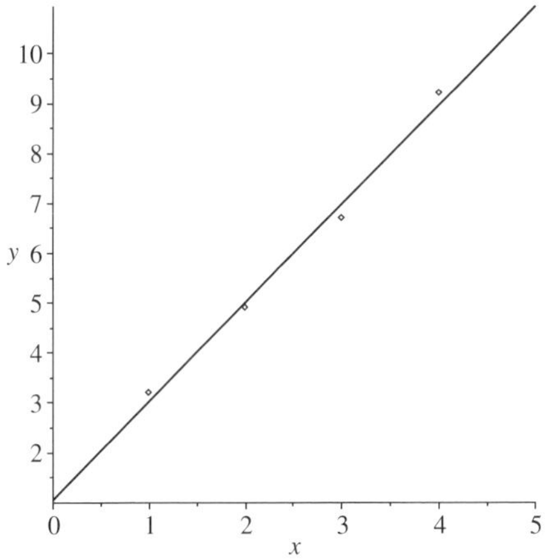

図 14.1　4点の最も近くを通る近似直線

● 図 14.1 において縦軸と横軸の交点の y 座標は 1 になっていることに注意せよ.

演習問題

14.1　n を自然数とする. 次の和を n の式で表せ.

(1) $\displaystyle\sum_{k=1}^{n}(4k-1)$　　　(2) $\displaystyle\sum_{k=1}^{n}(3k+1)(3k-1)$　　　(3) $\displaystyle\sum_{i=1}^{n}\sum_{j=1}^{i}(i-j)$

14.2　n を自然数とする. 次の和を n の式で表せ.

(1) $\displaystyle\sum_{i=1}^{n}\sum_{j=1}^{n}ij$　　(2) $\displaystyle\sum_{i=1}^{n}\sum_{j=1}^{n}i^2$　　(3) $\displaystyle\sum_{i=1}^{n}\sum_{j=1}^{n}(i+j)^2$　　(4) $\displaystyle\sum_{1\leqq i<j\leqq n}(j-i)$

14.3　変数 X が 5 つの値 $x_1=3, x_2=5, x_3=4, x_4=1, x_5=7$ をとるとき, 次の問いに答えよ.
(1) 平均 $E(X)$ を求めよ.　　　(2) 2 乗平均 $E(X^2)$ を求めよ.　　　(3) 分散 $\sigma(X)^2$ を求めよ.
(4) 標準偏差 $\sigma(X)$ を求めよ.　(5) $\displaystyle\sum_{j=1}^{5}(x_j-\overline{X})$ の値を求めよ.

14.4　変数 X が n 個の値 $1, 2, 3, \cdots, n$ をとるとき $E(X), E(X^2), \sigma(X)^2$ を計算せよ.

14.5　$f(x,y)=x^2+2y^2-2xy-2y-4x+14$ の最小値を求めよ.

14.6　4 つの 2 次元データ $(X,Y)=(2,1.6),(4,5.3),(6,8.4),(8,14.1)$ について次の問いに答えよ.
(1) 平均 $E(X)$ を求めよ.　　　(2) 平均 $E(Y)$ を求めよ.　　　(3) 分散 $\sigma(X)^2$ を求めよ.
(4) 共分散 $\sigma(XY)$ を求めよ.　(5) 回帰直線 $y=ax+b$ を求めよ.

14.7　次の表は, あるクラスの学生 5 名に対して, 10 点満点のテストを 2 回行い, その結果をまとめたものである. ただしテストの得点は整数値である. 1 回目の得点を X, 2 回目の得点を Y とする. Y は平均 4, 分散 4.4 で, $x<y$ が分かっている. 次の問いに答えよ.

学生	a	b	c	d	e
1 回目	8	5	10	6	1
2 回目	5	x	6	y	0

(1) X の平均・2 乗平均・分散を求めよ.

(2) $x + y, (x-4)^2 + (y-4)^2$ の値を求め, x, y の値を求めよ.

(3) 1 回目と 2 回目の得点をそれぞれ 10 倍して 100 点満点に換算した得点を, それぞれ U, V とする. このとき, X と U との相関係数と, U と V との相関係数を求めよ.

第 **15** 章

確率分布の確率・平均・分散を計算する

　値に確率が決まっている変数 X を確率変数といい，X の値とその確率との関係を確率分布という．前章で扱ったデータの値を表す変数 X は，確率変数の特別な場合と見ることができる．本章では，離散確率変数の平均・分散・標準偏差の計算法を学ぶ．

15.1 確率に関する言葉・記号（ミニマム）

15.1.1 試行・事象・積事象・和事象・余事象・空事象・排反

- 確率現象を伴う行為・実験（例：サイコロを振る）を**試行**という．
- 試行の結果を**事象**という．事象を標本ということもある．
- A, B は事象とするとき，**積事象** $A \cap B$ は「A かつ (and) B，両方とも起こる事象」，**和事象** $A \cup B$ は「A または (or) B，少なくとも一方が起こる（両方とも起こっても良い）事象」，**余事象** $A^c = \overline{A}$ は「A でない (not) 事象」，**空事象** ϕ は「何も起こらない空事象」を表す．また $A \cap B = \phi$ のとき，A と B は互いに**排反**（事象）であるという．

15.1.2 確率測度

- $P(A)$ は，事象 A が起こる確率を表す．P を**確率測度**という．
- 確率は 0 と 1 の間の値をとるので，$0 \leqq P(A) \leqq 1$ が成り立つ．
- 全事象を Ω と表すとき，何らかの結果は必ず起こるので，$P(\Omega) = 1$ であり，「何も起こらない」ことはないので，$P(\phi) = 0$ である．
- 排反事象の和事象の確率はそれぞれの確率の和になる．

$$A \cap B = \phi \Longrightarrow P(A \cup B) = P(A) + P(B)$$

15.1.3 確率論の出発点を眺めよう

例題 15.1　次は，ある貴族がガリレオ・ガリレイ (1564–1642) に尋ねたもので，確率論の出発点の 1 つになったといわれる歴史的に由緒ある問題である．3 個のサイコロを振る．A は目の和が 9 となる事象とする．

$$(1,2,6),(1,3,5),(1,4,4),(2,2,5),(2,3,4),(3,3,3)$$

の場合がある．B は目の和が 10 となる事象とする．

$$(1,3,6),(1,4,5),(2,2,6),(2,3,5),(2,4,4),(3,3,4)$$

の場合がある．いずれの場合も出る目の組み合わせは 6 通りだが，経験（博打）によれば $P(A) < P(B)$ である．これがなぜかというものである．このことについて，
(1) 3 つのサイコロに区別がないものとして，$P(A)$ と $P(B)$ を計算せよ．
(2) 3 つのサイコロを区別して，$P(A)$ と $P(B)$ を計算せよ．

- 古典的確率論の成立は，ラプラス：『確率の哲学的基礎』(1814) といわれており，現代的（公理的）確率論はコルモゴロフ：『確率の基礎概念』(1933) の出版を待たなければならなかった．この例題はこれらよりずっと前の話である．

解　(1) 全事象 $\{(a,b,c); 1 \leqq a \leqq b \leqq c \leqq 6\}$ は，対応

$$(a,b,c) \longleftrightarrow (a,b+1,c+2)$$

で $\{(x,y,z); 1 \leqq x < y < z \leqq 8\}$ と 1 対 1 に対応する．よって，その場合の数は，8 個の異なるものから 3 つ取り出して組みを作れば良いので，

$$_8C_3 = \frac{8 \cdot 7 \cdot 6}{3 \cdot 2 \cdot 1} = 56$$

である．よって $P(A) = P(B) = \dfrac{6}{56} = \dfrac{3}{28}$ である．

(2) 全事象の個数は，$6^3 = 216$ である．組 $(1,2,6)$ は実際は，$3 \cdot 2 \cdot 1 = 6$ 通りで，組 $(1,4,4)$ は実際は 3 通りある．よって

$$P(A) = \frac{6+6+3+3+6+1}{216} = \frac{25}{216} = 0.1157,$$
$$P(B) = \frac{6+6+3+6+3+3}{216} = \frac{27}{216} = 0.125. \qquad \square$$

- (1), (2) どちらが正しいのではなく，どちらも正しい確率モデルである．例題 15.1 では，(2) のモデルが貴族の疑問を説明できるというだけである．
- それにしても確率 0.01 の違いが分かるのであろうか．

15.2 条件付き確率と事象の独立性

15.2.1 条件付き確率 $P(A|B)$ とは B に制限した A の確率である

定義 15.2（条件付き確率の定義と公式）
- 事象 B が起こったという条件の下で，事象 A が起こる確率を**条件付き確率**といい，$P(A|B)$ と表す.
- 条件付き確率は，$P(A \cap B) = P(A|B)P(B)$ から計算される.

証明 B の個数を $|B|$，全事象を Ω で表す. B に制限して，A が起こる確率は，

$$P(A|B) = \frac{A \text{ かつ } B \text{ の個数}}{B \text{ の個数}} = \frac{|A \cap B|}{|B|} = \frac{|A \cap B|/|\Omega|}{|B|/|\Omega|} = \frac{P(A \cap B)}{P(B)}$$

と計算できる. ただし，事象の個数が無限個のときは，$P(A \cap B) = P(A|B)P(B)$ を条件付き確率の定義とする. □

15.2.2 A と B が独立であるとは，A かつ B が起こる確率がそれぞれの起こる確率の積になること

定義 15.3（事象の独立性の定義）
- $P(A|B) = P(A)$. すなわち B が起こったという情報が A が起こる確率に影響を与えないとき，A と B は**独立**であるという.
- $P(A \cap B) = P(A)P(B)$ が成り立つとき，A と B は**独立**であるといっても良い.

証明 $P(A|B) = P(A)$ ならば，$P(A \cap B) = P(A|B)P(B)$ より $P(A \cap B) = P(A)P(B)$ が成り立つ. 逆に $P(A \cap B) = P(A)P(B)$ が成り立つとき，$P(A|B) = \dfrac{P(A \cap B)}{P(B)} = \dfrac{P(A)P(B)}{P(B)} = P(A)$ が成り立つ. □

15.2.3 確率計算の練習をする

例題 15.4 $P(A) = \dfrac{3}{10}, P(B) = \dfrac{2}{15}, P(A|B^c) = \dfrac{3}{13}$ のとき次の確率を求めよ.

(1) $P(A \cap B)$ 　　(2) $P(A \cup B)$ 　　(3) $P(A^c \cup B^c)$ 　　(4) $P(B|A)$ 　　(5) $P(A^c \cap B)$

(6) $P(A^c \cup B)$

解 全事象を次の4つの部分に分割し，各部分が起こる確率をそれぞれ x, y, z, w とする.

$P(A \cap B) = x$	$P(A \cap B^c) = y$	A
$P(A^c \cap B) = z$	$P(A^c \cap B^c) = w$	A^c
B	B^c	

このとき $P(A) = \dfrac{3}{10}$ より $x + y = \dfrac{3}{10}$, $P(B) = \dfrac{2}{15}$ より $x + z = \dfrac{2}{15}$, $P(A|B^c) = \dfrac{3}{13}$ より $\dfrac{y}{y+w} = \dfrac{3}{13}$ が得られる．そして全確率は 1 なので，$x + y + z + w = 1$ が成り立つ．そこで連立方程式

$$\begin{cases} x + y = \dfrac{3}{10} \\[2mm] x + z = \dfrac{2}{15} \\[2mm] \dfrac{y}{y+w} = \dfrac{3}{13} \\[2mm] x + y + z + w = 1 \end{cases}$$

を解くと，$x = \dfrac{1}{10} = \dfrac{3}{30}, y = \dfrac{1}{5} = \dfrac{6}{30}, z = \dfrac{1}{30}, w = \dfrac{2}{3} = \dfrac{20}{30}$ が得られる．よって

(1) $P(A \cap B) = x = \dfrac{1}{10}$,　　　　(2) $P(A \cup B) = x + y + z = 1 - w = \dfrac{1}{3}$,

(3) $P(A^c \cup B^c) = 1 - x = \dfrac{9}{10}$,　　(4) $P(B|A) = \dfrac{x}{x+y} = \dfrac{1}{3}$,

(5) $P(A^c \cap B) = z = \dfrac{1}{30}$,　　　　(6) $P(A^c \cup B) = 1 - y = \dfrac{4}{5}$

である．　　　　　　　　　　　　　　　　　　　　　　　　　　　　　　　　　　□

- 別のやり方も示す．次の公式を使う．

> **ド・モルガンの公式**
> $$(A \cap B)^c = A^c \cup B^c, \quad (A \cup B)^c = A^c \cap B^c$$

> **余事象と和の公式**
> $$P(A^c) = 1 - P(A), \quad P(A \cup B) = P(A) + P(B) - P(A \cap B)$$

- $P(A \cap B^c) = P(A|B^c)P(B^c) = \dfrac{3}{13} \cdot \dfrac{13}{15} = \dfrac{1}{5}$ と $P(A) = P(A \cap B) + P(A \cap B^c)$ より，$P(A \cap B) = \dfrac{3}{10} - \dfrac{1}{5} = \dfrac{1}{10}$.

- $P(A \cup B) = P(A) + P(B) - P(A \cap B) = \dfrac{3}{10} + \dfrac{2}{15} - \dfrac{1}{10} = \dfrac{1}{3}$.

- $P(A^c \cup B^c) = P((A \cap B)^c) = 1 - P(A \cap B) = \dfrac{9}{10}$.

- $P(B|A) = \dfrac{P(B \cap A)}{P(A)} = \dfrac{1}{3}$.

- $P(B) = P(B \cap A) + P(B \cap A^c)$ より，$P(B \cap A^c) = \dfrac{2}{15} - \dfrac{1}{10} = \dfrac{1}{30}$.

- $P(A^c \cup B) = P(A^c) + P(B) - P(A^c \cap B) = \dfrac{7}{10} + \dfrac{2}{15} - \dfrac{1}{30} = \dfrac{4}{5}$.

15.2.4　原因の条件付き確率を求める（ベイズの定理）

> **例題 15.5**　ある疾病に対する検査法では，疾病の人は確率 0.85 で検出され，疾病でない人が疾病でないといわれる確率は 0.9 である．その疾病が 10 万人に 5 人の発症率をもつとき，検査で疾病とされた人が本当にその疾病である確率を求めよ．

解 結果 $B = $「検査で疾病と判定される」に対して，互いに排反な原因 $A_1 = $「疾病である」と $A_2 = $「疾病でない」を考える．全事象の数を 10 万とする．このとき，$|A_1| = 5, |A_2| = 99995$ である．これより

$P(A_1 \cap B) = 5 \times 0.85 = 4.25$	$P(A_2 \cap B) = 99995 \times 0.1 = 9999.5$	B
$P(A_1 \cap B^c) = 5 - 4.25 = 0.75$		B^c
A_1	A_2	

となるから，$P(A_1|B) = \dfrac{4.25}{4.25 + 9999.5} = \dfrac{17}{400015} \fallingdotseq 0.000425.$ □

- ベイズの定理（事象 B が起こったとき，互いに排反な原因 A_1, A_2 のどの原因で起こったのかを出す公式）を用いて，

$$P(A_1|B) = \frac{P(B|A_1)P(A_1)}{P(B|A_1)P(A_1) + P(B|A_2)P(A_2)} = \frac{0.85 \times 0.00005}{0.85 \times 0.00005 + 0.1 \times 0.99995}$$

  を計算しても良い（同じことをしているのだが）．

- 互いに排反な原因が 3 つで A_1, A_2, A_3 のとき，

$$P(A_1|B) = \frac{P(B|A_1)P(A_1)}{P(B|A_1)P(A_1) + P(B|A_2)P(A_2) + P(B|A_3)P(A_3)}$$

  である．

15.3 確率変数の平均・分散・標準偏差

15.3.1 X が有限個の値をとる場合を考える

- 変数 X のとる値に確率が定まっているとき，X を**確率変数**という．

- サイコロを 1 回振り，出た目を X とすると，X は 6 つの値をとる確率変数である．$P(X = 1) = \dfrac{1}{6}$ は，出た目 X の値が 1 である確率は $\dfrac{1}{6}$ であることを表す．

- 確率変数 X が n 個の値：$x_1, x_2, \cdots, x_n$ をとり，それぞれの値が出る確率が $P(X = x_i) = p_i \, (i = 1, 2, \cdots, n)$ であることを，

X	x_1	x_2	$\cdots$	x_n
P	p_1	p_2	$\cdots$	p_n

  と表す．この表を X の**確率分布（表）**という．

- 全確率 1 なので，$p_1 + p_2 + \cdots + p_n = 1$ となることに注意しよう．

- X の**平均** $E(X)$, **分散** $\sigma(X)^2$ はそれぞれ

定義 15.6（平均・分散の定義）

$$E(X) = \sum_{i=1}^{n} x_i p_i, \quad \sigma(X)^2 = \sum_{i=1}^{n} (x_i - E(X))^2 p_i$$

で定義される．このとき $\sigma(X) = \sqrt{\text{分散}}$ は**標準偏差**という．

- 分散が小さいときは，X のとる値が平均の周りに集中していることが分かる.
- n 個のデータ：$x_1, x_2, \cdots, x_n$ を表す変数 X は，それぞれの値が平等に出る $P(X = x_i) = \dfrac{1}{n}$ $(i = 1, 2, \cdots, n)$ とした確率変数と見ることができる. このときデータの平均・分散は，確率変数としての平均・分散になる.

15.3.2　くじ引きの賞金額は確率変数である

> **例題 15.7**　600 本のくじの中で，1 等賞金 10 万円が 1 本，2 等賞金 5 万円が 2 本，3 等賞金 2 万円が 3 本の当たりくじがあるとする. くじを 1 本買うときの賞金額 X は，確率変数になる. 次の問いに答えよ.
> (1) X の確率分布表を作れ.　　　(2) X の平均を求めよ.

解　(1) 試行は「くじを 1 本買う」ことである. この試行の結果の確率分布は次の通りになる.

X	0	2	5	10 (万円)
P	$\dfrac{594}{600}$	$\dfrac{3}{600}$	$\dfrac{2}{600}$	$\dfrac{1}{600}$

(2) $E(X) = 0 \times \dfrac{594}{600} + 2 \times \dfrac{3}{600} + 5 \times \dfrac{2}{600} + 10 \times \dfrac{1}{600} = \dfrac{26}{600}$ (万円/本) $\fallingdotseq 433$ (円/本).　□

- この計算から分かるように，平均とは 1 本当たりの賞金額である. それで平均のことを**期待値 (expectation)** ともいい，$E(X)$ という記号がよく使われるのである.

15.3.3　$E(X^2)$ は $\displaystyle\sum_{i=1}^{n} x_i^2 p_i$ を計算すれば良い

> **例題 15.8**　X の確率分布が $\begin{array}{c|ccc} X & -2 & 1 & 2 \\ \hline P & \dfrac{1}{7} & \dfrac{4}{7} & \dfrac{2}{7} \end{array}$ であるとする. 新しい確率変数を $Y = X^2$ で決める. このとき
> (1) Y の確率分布を求めよ.　　　(2) $E(Y)$ を求めよ.

解　(1) Y のとる値は 1 と 4 であり，$Y = 4$ となる確率は，$\dfrac{1}{7} + \dfrac{2}{7} = \dfrac{3}{7}$ である. よって，Y の確率分布は次のようになる.

Y	1	4
P	$\dfrac{4}{7}$	$\dfrac{3}{7}$

(2) $E(Y) = 1 \cdot \dfrac{4}{7} + 4 \cdot \dfrac{3}{7} = \dfrac{16}{7}$.　□

- 新しい確率変数 $Y = X^2$ の平均 $E(Y) = E(X^2)$ を求めるには，定義から，Y の確率分布を求め，「(Y の値) $\times$ (Y の確率) の和」を計算しなければならない. これが例題 15.8 でやったことである.

- しかし $E(Y) = E(X^2)$ は「$(X^2$の値$) \times (X$の確率$)$ の和」を計算すれば良いのである．それは

$$(-2)^2 \cdot \frac{1}{7} + 1^2 \cdot \frac{4}{7} + 2^2 \cdot \frac{2}{7} = 4 \cdot \left(\frac{1}{7} + \frac{2}{7}\right) + 1 \cdot \frac{4}{7} = \frac{16}{7}$$

から分かるであろう．

- 一般に次のことが成り立つ．

> **$E(f(X))$ を求める公式**
>
> X の確率分布が $\begin{array}{c|cccc} X & x_1 & x_2 & \cdots & x_n \\ \hline P & p_1 & p_2 & \cdots & p_n \end{array}$ であるとき，新しい確率変数 $f(X)$ の平均は
>
> $$E(f(X)) = \sum_{i=1}^{n} f(x_i)p_i$$
>
> で与えられる．

- 特に X の **2 乗平均** $E(X^2) = \sum_{i=1}^{n} x_i^2 p_i$ はよく使われる．

15.3.4 分散は 2 乗平均から平均の 2 乗を引いて求める

> **分散を求める公式**
> $$\sigma(X)^2 = E(X^2) - E(X)^2$$

証明 X の確率分布が $\begin{array}{c|ccc} X & x_1 & x_2 & x_3 \\ \hline P & p_1 & p_2 & p_3 \end{array}$ のときを示す．一般の n の場合は，3 を n に直して読んでいけば良い．

$$\begin{aligned}
\sigma(X)^2 &= \sum_{i=1}^{3} (x_i - E(X))^2 p_i \\
&= (x_1 - E(X))^2 p_1 + (x_2 - E(X))^2 p_2 + (x_3 - E(X))^2 p_3 \\
&= \left(x_1^2 - 2E(X)x_1 + E(X)^2\right) p_1 + \left(x_2^2 - 2E(X)x_2 + E(X)^2\right) p_2 \\
&\quad + \left(x_3^2 - 2E(X)x_3 + E(X)^2\right) p_3 \\
&= \underbrace{(x_1^2 p_1 + x_2^2 p_2 + x_3^2 p_3)}_{=E(X^2)} - 2E(X)\underbrace{(x_1 p_1 + x_2 p_2 + x_3 p_3)}_{=E(X)} \\
&\quad + E(X)^2 \underbrace{(p_1 + p_2 + p_3)}_{=1} \\
&= E(X^2) - 2E(X)^2 + E(X)^2 = E(X^2) - E(X)^2. \qquad \square
\end{aligned}$$

15.3.5 分散を公式を用いて計算する

> **例題 15.9**　確率変数 X の分布が下図で，平均 $E(X) = 1.7$ のとき次の問いに答えよ.
>
> | X | 1 | 2 | 3 |
> |---|---|---|---|
> | P | 0.4 | a | b |
>
> (1) a, b の値を求めよ.　　(2) 分散 $\sigma(X)^2$ を求めよ.

解　(1) 全確率 1 より $0.4 + a + b = 1$，平均 1.7 より $1 \times 0.4 + 2a + 3b = 1.7$ が成り立つ.

これより $\begin{cases} a + b = 0.6 \\ 2a + 3b = 1.3 \end{cases}$ を解いて $a = 0.5, b = 0.1$.

(2) $E(X^2) = 1 \times 0.4 + 4a + 9b = 0.4 + 2 + 0.9 = 3.3$ より，

$$\sigma(X)^2 = E(X^2) - E(X)^2 = 3.3 - 2.89 = 0.41 \qquad \square$$

15.3.6 $E(aX^2 + bX + c)$ と $\sigma(aX + b)^2$ を展開する

> **例題 15.10**　X の確率分布が $\dfrac{X \mid x_1 \quad x_2 \quad \cdots \quad x_n}{P \mid p_1 \quad p_2 \quad \cdots \quad p_n}$ であるとする.　このとき次を示せ.
> (1) $E(aX^2 + bX + c) = aE(X^2) + bE(X) + c$
> (2) $\sigma(aX + b)^2 = a^2 \sigma(X)^2$

証明　(1) $\begin{aligned}[t] E(aX^2 + bX + c) &= \sum_{i=1}^{n}(ax_i^2 + bx_i + c)p_i \\ &= a\sum_{i=1}^{n} x_i^2 p_i + b\sum_{i=1}^{n} x_i p_i + c\sum_{i=1}^{n} p_i \\ &= aE(X^2) + bE(X) + c \end{aligned}$

(2) $\sigma(X)^2 = E(X^2) - E(X)^2$ と (1) の展開式を用いる.

$$\begin{aligned} \sigma(aX + b)^2 &= E((aX + b)^2) - E(aX + b)^2 \\ &= E(a^2 X^2 + 2abX + b^2) - \{aE(X) + b\}^2 \\ &= a^2 E(X^2) + 2abE(X) + b^2 - \{a^2 E(X)^2 + 2abE(X) + b^2\} \\ &= a^2\{E(X^2) - E(X)^2\} = a^2 \sigma(X)^2. \qquad \square \end{aligned}$$

15.4　2 項分布

　コインを何回か投げるとき，表が出る回数は，2 項分布と呼ばれる確率分布になる.　その性質を調べよう.　そのためにまずは 2 項係数，2 項定理の復習から始める.

15.4.1 2項係数 $_nC_k$ の性質を思い出そう

例題 15.11 $\dfrac{_nC_{n-2}}{_nC_{n-1}} = 4$ となる自然数 n を求めよ.

- $_nC_k$ は, n 個の異なるものから k 個取り出して組を作る場合の数.
- $_nC_0 = 1$ は定義である.
- n 個の異なるものから 1 個取り出す方法は n 通りあるから, $_nC_1 = n$.
- n 個の異なるものから 2 個取り出す方法は, まず 1 番目に n 個の中から 1 個取り出し, 2 番目に残り $(n-1)$ 個から 1 個取り出すと $n(n-1)$ 通りあるが, 組の数なので順番は関係ない. よって 2 で割って $_nC_2 = \dfrac{n(n-1)}{2}$.
- n 個の異なるものから k 個取り出して組を作るのは, 残り $n-k$ 個の組を作ることと同じである. よって作り方の数も同じだから, $_nC_k = {_nC_{n-k}}$. この公式が $k = n$ でも成り立つと考えたい：$1 = {_nC_n} = {_nC_0}$ とする. よって $_nC_0 = 1$ と定義する.

解 $_nC_{n-2} = {_nC_2} = \dfrac{n(n-1)}{2}$, $\quad {_nC_{n-1}} = {_nC_1} = n$ であるから,

$$_nC_2 = 4{_nC_1} \Rightarrow \frac{n(n-1)}{2} = 4n \Rightarrow \frac{n-1}{2} = 4 \Rightarrow n = 9.$$ □

15.4.2 2項定理を理解する

定義 15.12 (2項定理)

$$(a+b)^n = \sum_{k=0}^{n} {_nC_k}\, a^k b^{n-k} = b^n + nab^{n-1} + \frac{n(n-1)}{2}a^2 b^{n-2} + \cdots + na^{n-1}b + a^n$$

- n が小さいときは, 次の**パスカルの三角形**から計算する方が楽である.

$$
\begin{aligned}
(a+b)^1 &= 1 \cdot a + 1 \cdot b \\
(a+b)^2 &= 1 \cdot a^2 + 2 \cdot ab + 1 \cdot b^2 \\
(a+b)^3 &= 1 \cdot a^3 + 3 \cdot a^2 b + 3 \cdot ab^2 + 1 \cdot b^3 \\
(a+b)^4 &= 1 \cdot a^4 + 4 \cdot a^3 b + 6 \cdot a^2 b^2 + 4 \cdot ab^3 + 1 \cdot b^4
\end{aligned}
$$

証明 $(a+b)^n = \underbrace{(a+b)(a+b) \cdot \cdots \cdot (a+b)}_{n \text{ 個}}$ を展開するとき, 項 $a^k b^{n-k}$ は, n 個のカッコ $(a+b)$ から a を k 個 (残り $n-k$ 個 b) を選び出すことなので, $_nC_k$ 個ある. □

15.4.3　2 項定理から得られる等式を作る

例題 15.13　2 項定理から次の等式を導け. ただし, $p + q = 1$ とする.

(1) $\displaystyle\sum_{k=0}^{n} {}_nC_k = 2^n$　　　　　　(2) $\displaystyle\sum_{k=0}^{n} {}_nC_k p^k q^{n-k} = 1$

(3) $\displaystyle\sum_{k=0}^{n} k \cdot {}_nC_k p^k q^{n-k} = np$　　(4) $\displaystyle\sum_{k=0}^{n} k(k-1) \cdot {}_nC_k p^k q^{n-k} = n(n-1)p^2$

証明　2 項定理を

$$\sum_{k=0}^{n} {}_nC_k x^k b^{n-k} = (x + b)^n \qquad \cdots\cdots (*)$$

と表す. (1) は $(*)$ で $x = b = 1$ とおくと,

$$\sum_{k=0}^{n} {}_nC_k = \sum_{k=0}^{n} {}_nC_k \cdot 1^k \cdot 1^{n-k} = (1 + 1)^n = 2^n$$

が分かる.

(2) $(*)$ で $x = p, b = q$ とおくと

$$\sum_{k=0}^{n} {}_nC_k p^k q^{n-k} = (p + q)^n = 1.$$

(3) $(*)$ の両辺を x で微分する.

$$\sum_{k=0}^{n} {}_nC_k k x^{k-1} b^{n-k} = n(x + b)^{n-1} \qquad \cdots\cdots (**)$$

が得られる. さらに両辺に x を掛けると

$$\sum_{k=0}^{n} {}_nC_k k x^k b^{n-k} = nx(x + b)^{n-1}$$

となる. ここで $x = p, b = q$ とおくと

$$\sum_{k=0}^{n} k \cdot {}_nC_k p^k q^{n-k} = np(p + q)^{n-1} = np.$$

(4) $(**)$ の両辺を x で微分する.

$$\sum_{k=0}^{n} {}_nC_k k(k-1) x^{k-2} b^{n-k} = n(n-1)(x + b)^{n-2}$$

さらに両辺に x^2 を掛けると

$$\sum_{k=0}^{n} {}_nC_k k(k-1) x^k b^{n-k} = n(n-1)x^2(x + b)^{n-2}$$

となる．ここで $x = p, b = q$ とおくと

$$\sum_{k=0}^{n} k(k-1) \cdot {}_nC_k p^k q^{n-k} = n(n-1)p^2(p+q)^{n-2} = n(n-1)p^2$$

が得られる． $\square$

15.4.4　2項分布を定義する

> **定義 15.14（2項分布 $B(n, p)$ の定義）**　$0 \leqq p \leqq 1, q = 1 - p$ とする．確率変数 X が
>
> $$P(X = k) = {}_nC_k p^k q^{n-k} \ (k = 0, 1, 2, \ldots, n)$$
>
> を満たすとき，X は **2項分布** $B(n, p)$ に従うという．

- **例**　1回ごとの成功確率が p の独立な試行を n 回行ったとき，成功回数 X は 2項分布 $B(n, p)$ に従う．
- **証明**　k 回成功，$(n-k)$ 回失敗する1つの確率は，各回の試行は独立なので，掛け算して $p^k q^{n-k}$ である．n 回の試行の中で k 回成功，$(n-k)$ 回失敗する場合は，${}_nC_k$ 通りあるので，$P(X = k) = {}_nC_k p^k q^{n-k}$ である． $\square$
- **例**　サイコロを100回振るとき，1の目が出る回数 X は 2項分布 $B\left(100, \dfrac{1}{6}\right)$ に従う．

15.4.5　2項分布の「全確率＝1」を確かめる

> **例題 15.15**　X が 2項分布 $B(n, p)$ に従うとき
>
> $$\sum_{k=0}^{n} P(X = k) = 1$$
>
> を示せ．

証明　例題 15.13(2) より

$$\sum_{k=0}^{n} P(X = k) = \sum_{k=0}^{n} {}_nC_k p^k q^{n-k} = (p+q)^n = 1. \qquad \square$$

- 2項分布 $B(n, p)$ に従う確率変数 X は $0, 1, 2, \ldots, n$ 以外の値はとらないことも分かる．

15.4.6　2項分布 $B(n, p)$ に従う確率変数の平均は np，分散は npq である

> ─ 2項分布の平均・分散 ─
>
> X が 2項分布 $B(n, p)$ に従うとき，
> 平均は $E(X) = np$ で，分散 は $\sigma(X)^2 = npq \, (q = 1 - p)$ である．

証明　例題 15.13(3) より

$$E(X) = \sum_{k=0}^{n} k \cdot P(X = k) = \sum_{k=0}^{n} k \cdot {}_nC_k p^k q^{n-k} = np$$

である．また例題 15.13(3), (4) から

$$E(X^2) = \sum_{k=0}^{n} \underbrace{k^2}_{=k(k-1)+k} P(X = k)$$

$$= \sum_{k=0}^{n} k(k-1) \cdot {}_nC_k p^k q^{n-k} + \sum_{k=0}^{n} k \cdot {}_nC_k p^k q^{n-k} = n(n-1)p^2 + np$$

が分かるから，

$$\sigma(X)^2 = E(X^2) - E(X)^2 = n(n-1)p^2 + np - n^2p^2 = np(1-p) = npq$$

が得られる．　　　　　　　　　　　　　　　　　　　　　　　　　　　　　□

15.4.7　2 項分布の $E(X) = np$ を利用する

> **例題 15.16**　ある町で 1 日にある犯罪が起こる確率は p とする．このとき $\frac{1}{p}$ 日に 1 度は犯罪が起こると考えられる．このことを 2 項分布を用いて説明せよ．

解　n 日の間に犯罪が起こる日数 X は 2 項分布 $B(n, p)$ に従う．この平均が 1 日ならば，n 日間に 1 回犯罪が起こると考えることができる．よって $np = 1$ より，$n = \frac{1}{p}$ 日の間に 1 回犯罪が起こる．
　　　　　　　　　　　　　　　　　　　　　　　　　　　　　　　　　　　□

15.4.8　2 項分布の平均・分散の使い方を練習する

> **例題 15.17**　1 と書いた球 9 個と 3 と書いた球 1 個が入っている袋が 20 個ある．各袋から 1 個ずつ球を取り出すとき，20 個の球に書いてある数の平均を Y とする．次の問に答えよ．
> (1) X を 1 と書いた球の個数とする．X の従う分布を求めよ．　　　(2) Y を X で表せ．
> (3) Y の平均を求めよ．　　　(4) Y の分散を求めよ．

解　(1) 1 つの袋から 1 個の球を取り出すとき，1 と書いた球が出る確率は $\frac{9}{10}$ である．この試行を独立に 20 回行うときの 1 が出る回数が X である．よって X は 2 項分布 $B\left(20, \frac{9}{10}\right)$ に従う．

(2) 1 は X 回，3 は $(20 - X)$ 回出るので，その平均は $Y = \dfrac{1 \cdot X + 3 \cdot (20 - X)}{20} = \dfrac{-1}{10}X + 3$ である

(3) $E(X) = np = 20 \cdot \dfrac{9}{10} = 18$ と $E(aX^2 + bX + c) = aE(X^2) + bE(X) + c$ より，

$$E(Y) = E\left(\frac{-1}{10}X + 3\right) = \frac{-1}{10}E(X) + 3 = \frac{-1}{10} \times 18 + 3 = 1.2$$

(4) $\sigma(X)^2 = npq = 18 \times \dfrac{1}{10} = 1.8$ と $\sigma(aX+b)^2 = a^2\sigma(X)^2$ より,

$$\sigma(Y)^2 = \sigma\left(\dfrac{-1}{10}X + 3\right)^2 = \dfrac{1}{100}\sigma(X)^2 = 0.018 \qquad \square$$

演習問題

15.1　$P(A \cup B) = P(A) + P(B) - P(A \cap B)$ を示せ.

15.2　$P(A) = \dfrac{1}{6}, P(B^c) = \dfrac{1}{3}, P(A|B) = \dfrac{1}{5}$ のとき次の確率を求めよ.

(1) $P(A \cap B)$　　　(2) $P(A \cup B)$　　　(3) $P((A \cap B)^c)$　　　(4) $P(A^c \cup B^c)$

15.3　第 1 子が男のとき, 第 2 子が男である確率は $\dfrac{5}{9}$ であるという. 第 1 子が男である確率は $\dfrac{11}{20}$ である. 2 人のうち少なくとも 1 人が女である確率を求めよ.

15.4　"R" の発音を "L" と聞き間違う確率は 0.4, "L" の発音を "R" と聞き間違う確率は 0.3 である. R と L の相対出現頻度はそれぞれ 0.3, 0.7 とする. このとき "R" と聞いたとき, それが実際に "R" であった確率を求める. 事象 B, A_1, A_2 をそれぞれ, $B =$「"R" と聞こえた」, $A_1 =$「"R" の音が届く」, $A_2 =$「"L" の音が届く」とする. 次の問いに答えよ (もちろん, "R" の発音は, "R" と正しく聞くか, "L" と聞き間違うかのいずれかしか起こらないと仮定されている. "L" の発音についても同様に考える).

(1) $P(B|A_2)$ を求めよ.　　　(2) $P(B|A_1)$ を求めよ.

(3) "R" と聞いたときそれが実際に "R" であった確率を求めよ.

15.5　3 つの部品からなる機械がある. 各々の部品の故障は独立で, 故障する事象を, それぞれ A, B, C とすると, $P(A) = 0.02, P(B) = 0.01, P(C) = 0.01$ である. 2 つ以上の部品が故障したとき, 機械自体が故障する. 機械が故障する確率を求めよ.

15.6　$P(A) = \dfrac{3}{5}, P(A \cup B) = \dfrac{11}{15}$ で A と B が互いに独立であるとき, 次の確率を求めよ.

(1) $P(B)$　　　(2) $P(A \cap B)$　　　(3) $P(B|A)$

15.7　確率変数 X の分布が以下で, 平均 $E(X) = 2$ のとき, 次の問いに答えよ.

X	1	2	3
P	0.2	a	b

(1) a, b の値を求めよ.　　　(2) 分散 $\sigma(X)^2$ を求めよ.

15.8　$\dfrac{{}_nC_{n-2}}{{}_nC_{n-1}} = 5$ となる自然数 n を求めよ.

15.9　等式 : $\displaystyle\sum_{k=0}^{n} {}_nC_k x^k b^{n-k} = (x+b)^n, \sum_{k=0}^{n} {}_nC_k k x^k b^{n-k} = nx(x+b)^{n-1}$ を利用して, 次の和を求めよ.

(1) $\displaystyle\sum_{k=0}^{n} {}_nC_k (-1)^k$　　(2) $\displaystyle\sum_{k=0}^{n} {}_nC_k 2^k 3^{n-k}$　　(3) $\displaystyle\sum_{k=0}^{n} k \cdot {}_nC_k$　　(4) $\displaystyle\sum_{k=0}^{n} k \cdot {}_nC_k (-1)^k 2^{n-k}$

15.10　サイコロを振り，1,2,3,4 の目が出れば 1 右に進み，5,6 の目が出れば 1 左に進むとする．今原点にいるとし，サイコロを 100 回振った後の位置を Y とする．次の問いに答えよ.

(1) X を 1,2,3,4 の目が出た回数とする．X の従う分布を求めよ.

(2) Y を X で表せ. 　　　(3) Y の平均を求めよ. 　　　(4) Y の分散を求めよ.

15.11　確率変数 X が 2 項分布 $B(30, 0.2)$ に従うとき，次の問いに答えよ.

(1) X の平均 $E(X)$ を求めよ. 　　　(2) X の分散 $\sigma(X)^2$ を求めよ.

(3) $Y = 3X + 2$ の平均 $E(Y)$ を求めよ. 　　　(4) $Y = 3X + 2$ の分散 $\sigma(Y)^2$ を求めよ.

演習問題略解

第1章

1.1 (1) $8x^3 - 2x - \dfrac{1}{x^2}$　　(2) $1 - \dfrac{1}{x^2}$　　(3) $x - \dfrac{1}{x^3}$　　(4) $\dfrac{3}{2}\sqrt{x}$　　(5) $5x\sqrt{x}$　　(6) $\dfrac{3}{2}\sqrt{x}$

(7) $\dfrac{\sqrt{3}}{2\sqrt{x}}$　　(8) $\dfrac{1}{2\sqrt{2}\sqrt{x}}$

1.2 $\dfrac{a}{2}$

1.3 接線の式は $y = \dfrac{-1}{a^2}x + \dfrac{2}{a}$. 接線と x, y 軸との交点は $(2a, 0), \left(0, \dfrac{2}{a}\right)$ より三角形の面積は 2 である.

1.4 $\pm\sqrt{\dfrac{2}{3}}$

1.5 $\pm\sqrt{\dfrac{2}{3}}$

1.6 (1) $A = 15$　　(2) $g'(x) = 15(5x + 1)^2$

1.7 (1) $f'(x) = -x + \sqrt{3}$　　(2) $a = \dfrac{4}{\sqrt{3}}$　　(3) $y = \dfrac{-1}{\sqrt{3}}x + 3$

第2章

2.1 (1) $\dfrac{1}{2\sqrt{u}}$　　(2) $2x$　　(3) $\dfrac{x}{\sqrt{x^2 + 5}}$

2.2 (1) $20(2x + 3)^9$　　(2) $-20(1 - x)^{19}$　　(3) $10x(x^2 + 1)^4$　　(4) $-18x^2(1 - x^3)^5$

2.3 (1) $\dfrac{2}{(x + 1)^2}$　　(2) $\dfrac{4x}{(x^2 + 1)^2}$　　(3) $\dfrac{ad - bc}{(cx + d)^2}$　　(4) $\dfrac{1 - x^2}{(x^2 + 1)^2}$

2.4 (1) $\dfrac{2}{y}$　　(2) $\dfrac{-2x - y}{x + 2y}$　　(3) $-\sqrt{\dfrac{y}{x}}$

2.5 $y_0 y = 2p(x + x_0)$

2.6 (1) $x + \sqrt{6}y = 4$　　　　　　(2) $-3x + 2\sqrt{2}y = 9$

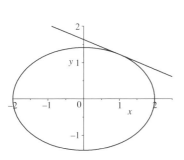

2.7　$2\sqrt{3}$

2.8　(1) $\{f(x^2)\}' = f'(x^2) \times (x^2)' = f'(x^2) \times 2x = 2xf'(x^2)$

(2) $\{f(2x+1)\}' = f'(2x+1) \times (2x+1)' = f'(2x+1) \times 2 = 2f'(2x+1)$

(3) $\{f(\sqrt{x})\}' = f'(\sqrt{x}) \times (\sqrt{x})' = f'(\sqrt{x}) \times \dfrac{1}{2\sqrt{x}} = \dfrac{1}{2\sqrt{x}}f'(\sqrt{x})$

(4) $\{xf(x^2)\}' = (x)'f(x^2) + x\{f(x^2)\}' = f(x^2) + x \times 2xf'(x^2) = f(x^2) + 2x^2 f'(x^2)$

2.9　$(1+h)^\alpha \fallingdotseq 1 + \alpha h$ を利用すると早い.

(1) $\sqrt{1+\Delta x} = (1+\Delta x)^{\frac{1}{2}} \fallingdotseq 1 + \dfrac{1}{2}\Delta x$

(2) $\dfrac{1}{\sqrt{1+\Delta x}} = (1+\Delta x)^{-\frac{1}{2}} \fallingdotseq 1 - \dfrac{1}{2}\Delta x$

(3) $\dfrac{1}{1+2\Delta x} = \{1+(2\Delta x)\}^{-1} \fallingdotseq 1 - 2\Delta x$

(4) $\dfrac{1+\Delta x}{1-\Delta x} = (1+\Delta x)(1-\Delta x)^{-1} \fallingdotseq (1+\Delta x)(1+\Delta x) = 1 + 2\Delta x + (\Delta x)^2 \fallingdotseq 1 + 2\Delta x$

第3章

3.1　$\dfrac{1}{2}$

3.2　$\dfrac{1}{2}$

3.3　(1) $\dfrac{\sqrt{2h+1}+3}{4(\sqrt{2h+1}+1)}$　　(2) $\dfrac{1}{2}$

3.4　(1) $\dfrac{a+\dfrac{1}{3}h}{\sqrt{a^2+ah+\dfrac{h^2}{3}+a}}$　　(2) $\dfrac{1}{2}$

3.5　(1) $y' = 3x^2 - 6x = 3x(x-2), y'' = 6x - 6 = 6(x-1)$ より

x	$\cdots$	0	$\cdots$	1	$\cdots$	2	$\cdots$
y'	$+$	0	$-$	$-$	$-$	0	$+$
y''	$-$	$-$	$-$	0	$+$	$+$	$+$
y	$\nearrow$	3	$\searrow$	1	$\searrow$	-1	$\nearrow$

(2) $x = 0$ のとき 極大値 3, $x = 2$ のとき極小値 -1, 変曲点 $(1,1)$.

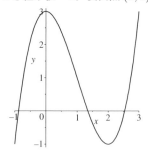

3.6　(1) $y' = -\dfrac{3}{2}x^2 + 6 = -\dfrac{3}{2}(x^2 - 4) = -\dfrac{3}{2}(x-2)(x+2), \quad y'' = -3x$

から次の増減表が得られる.

x	$\cdots$	-2	$\cdots$	0	$\cdots$	2	$\cdots$
y'	$-$	0	$+$	$+$	$+$	0	$-$
y''	$+$	$+$	$+$	0	$-$	$-$	$-$
y	$\searrow$	-16	$\nearrow$	-8	$\curvearrowright$	0	$\searrow$

(2)

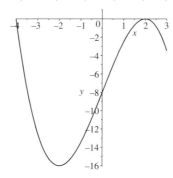

(3) $x = -2$ のとき極小値 -16, $x = 2$ のとき極大値 0.

(4) $(0, -8)$

3.7 (1) $x = -1$ のとき極大値 4, $x = 1$ のとき極小値 0, 変曲点 $(0, 2)$.

(2) $x = \pm 1$ のとき極小値 2, $x = 0$ のとき極大値 3, 変曲点 $\left(\pm\dfrac{1}{\sqrt{3}}, \dfrac{22}{9} \right)$.

(3) $x = 0$ のとき極大値 1, 変曲点 $\left(\pm\dfrac{1}{\sqrt{3}}, \dfrac{3}{4} \right)$.

(4) $x = 0$ のとき極小値 0, 変曲点 $\left(\pm\dfrac{1}{\sqrt{3}}, \dfrac{1}{4} \right)$.

(1)

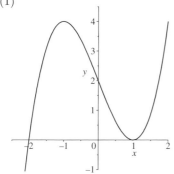

(2)

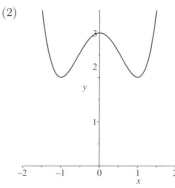

(3)

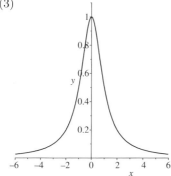

(4)

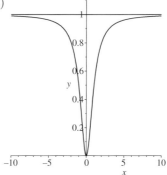

3.8 2点 $\mathrm{C}(c, f(c))$, $\mathrm{D}(d, f(d))$ を結ぶ直線の式は

$$y = \frac{f(d) - f(c)}{d - c}(x - c) + f(c) = f'(e)(x - c) + f(c), \quad c < e < d$$

である．ここで平均値の定理を用いた．$f''(x) > 0$ より $f'(x)$ は単調増加であるから，定数 e は唯 1 つに定まる．$c < x < d$ でこの直線と $y = f(x)$ との値の差を $F(x)$ とおく．

$$F(x) = \frac{f(d) - f(c)}{d - c}(x - c) + f(c) - f(x) = f'(e)(x - c) + f(c) - f(x).$$

$F(x)$ を微分して $c < x < d$ での増減を調べる．

$$F'(x) = f'(e) - f'(x).$$

$(f'(x))' = f''(x) > 0$ なので $f'(x)$ は $a < x < b$ で単調増加である．これより

$$\text{(i)}\, c < x < e \Longrightarrow f'(x) < f'(e). \quad \therefore\, F'(x) > 0,$$

$$\text{(ii)}\, e < x < d \Longrightarrow f'(e) < f'(x). \quad \therefore\, F'(x) < 0.$$

よって $F(x)$ は $c < x < d$ で増加して減少するので，この範囲では $F(x)$ は $F(c)$ と $F(d)$ の値の小さい方より大きい．しかし

$$F(c) = \frac{f(d) - f(c)}{d - c}(c - c) + f(c) - f(c) = 0.$$

$$F(d) = \frac{f(d) - f(c)}{d - c}(d - c) + f(c) - f(d) = 0$$

であるから，

$$F(x) > 0 \quad (c < x < d)$$

がいえた．これは，線分 CD が両端点を除いて $y = f(x)$ のグラフの上側にあることを意味する． □

第 4 章

4.1 (1) $T = 2$ (2) 32

4.2 $\dfrac{dr}{dt} = \dfrac{a}{4\pi b^2}, \quad \dfrac{dS}{dt} = \dfrac{2a}{b}$

4.3 $\dfrac{4}{\sqrt{15}}\,\text{(m/s)}$

4.4 $0.3\,\text{(m/s)}$

4.5 (1) $\dfrac{v}{g}$ (2) $\dfrac{v^2}{2g}$

4.6 $\dfrac{a}{2}$

4.7 $\alpha = -\dfrac{a}{2x^2}$

4.8 (1) $E(t) = \dfrac{1}{2}mx'(t)^2 + \dfrac{1}{2}kx(t)^2$ とおくと，$mx''(t) + kx(t) = 0$ より

$$E'(t) = \frac{1}{2}m \cdot 2x'(t)x''(t) + \frac{1}{2}k \cdot 2x(t)x'(t) = x'(t)\{mx''(t) + kx(t)\} = 0$$

(2) すべての t について $E'(t) = 0$ がいえたので $E(t) = E(0) = E$．

(3) $\dfrac{1}{2}kx(t)^2 \leqq \dfrac{1}{2}mx'(t)^2 + \dfrac{1}{2}kx(t)^2 = E$ より

$$x(t)^2 \leqq \frac{2E}{k}. \quad \therefore \quad |x(t)| \leqq \sqrt{\frac{2E}{k}}.$$

第5章

5.1　(1) $-2xe^{-x^2}$　　(2) $x(2-x)e^{-x}$　　(3) $\dfrac{x}{x^2+1}$　　(4) $\dfrac{2}{2x+1}+\dfrac{3}{3x-1}$　　(5) $\dfrac{1}{x}$

5.2　$y=2ex$

5.3　$y=x$

5.4　$y=\dfrac{1}{e}x$

5.5　$e^x=1+x+(x^2 \text{以上})$ から

$$a^x=e^{x\log a}=1+x\log a+(x^2\text{以上}),\quad b^x=e^{x\log b}=1+x\log b+(x^2\text{以上})$$

となり，

$$a^x-b^x=x(\log a-\log b)+(x^2\text{以上})=x\log\left(\frac{a}{b}\right)+(x^2\text{以上})$$

が分かる．よって $x\to 0$ のとき，

$$\frac{a^x-b^x}{x}=\log\left(\frac{a}{b}\right)+(x^1\text{以上})\to\log\left(\frac{a}{b}\right).$$

5.6　$2,-1$

5.7

$$y''+2\sqrt{2}y'+2y=e^{\alpha x}\{(\alpha+\sqrt{2})^2x+2(\alpha+\sqrt{2})\}=0$$

が全ての x について成り立つので $\alpha=-\sqrt{2}.$

第6章

6.1　$x'(t)=e^{-\frac{1}{2}t}\left(1-\frac{1}{2}t\right),\quad x''(t)=\left(-\frac{1}{2}\right)e^{-\frac{1}{2}t}\left(2-\frac{1}{2}t\right)$ から，

(i) $t=2$ ，　(ii) $t=4$.

(iii) この運動は $t=0$ で原点を右に向かって出発し，$t=2$ で向きを変えて左に進み $t=\infty$ で原点に戻る $(\lim_{t\to\infty} te^{-\frac{1}{2}t}=0)$．よって原点から遠く離れるのは $t=2$ のときで，その距離は $x(2)=\dfrac{2}{e}$.

6.2

x	$\cdots$	$\dfrac{1}{2}$	$\cdots$	1	$\cdots$
y'	$+$	0	$-$	$-$	$-$
y''	$-$	$-$	$-$	0	$+$
y	$\nearrow$	$\dfrac{1}{2e}$	$\searrow$	$\dfrac{1}{e^2}$	$\searrow$

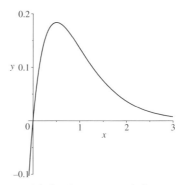

6.3　$y=-\log x$ とおくと，$x\to+0$ のとき $y\to+\infty$ である．$\log x=-y$ から $x=e^{-y}$ なので

$$\lim_{x\to+0}x^a\log x=\lim_{y\to\infty}(e^{-y})^a(-y)=-\lim_{y\to\infty}ye^{-ay}=0.$$

6.4　$y=x^x$ とおくと，$y=e^{x\log x}$ である．微分して

$$y'=e^{x\log x}\cdot(x\log x)'=e^{x\log x}\left(\log x+x\cdot\frac{1}{x}\right)=y(\log x+1),$$

$$y''=y'(\log x+1)+y\cdot\frac{1}{x}=y(\log x+1)^2+\frac{y}{x}>0\quad(x>0).$$

$$y' = 0 \Longrightarrow \log x + 1 = 0. \quad \therefore x = e^{-1} = \frac{1}{e}.$$

次の極限に注意する.

$$\lim_{x \to +0} y = \lim_{x \to +0} e^{x \log x} = e^0 = 1.$$

x	$+0$	$\cdots$	$\dfrac{1}{e}$	$\cdots$
y'		$-$	0	$+$
y''		$+$	$+$	$+$
y	1	$\searrow$	$\left(\dfrac{1}{e}\right)^{\frac{1}{e}}$	$\nearrow$

パソコンが描いたグラフには気をつけよう. 縦軸と横軸の交点は原点ではない. $\left(\dfrac{1}{e}\right)^{\frac{1}{e}} \fallingdotseq 0.6922006276$ である.

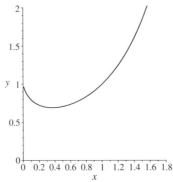

6.5 $y' = \dfrac{1}{x^2} e^{-\frac{1}{x}}, \quad y'' = \dfrac{-2x + 1}{x^4} e^{-\frac{1}{x}}, \qquad \lim_{x \to +0} y = \lim_{x \to +0} e^{-\frac{1}{x}} = e^{-\infty} = 0,$

$$\lim_{x \to +0} y' = \lim_{x \to +0} \frac{1}{x^2} e^{-\frac{1}{x}} = \lim_{u \to \infty} u^2 e^{-u} = 0,$$

$$\lim_{x \to +0} y'' = \lim_{x \to +0} \frac{-2x + 1}{x^4} e^{-\frac{1}{x}} = \lim_{u \to \infty} (-2u^3 + u^4) e^{-u} = 0.$$

x	$+0$	$\cdots$	$\dfrac{1}{2}$	$\cdots$
y'	0	$+$	$+$	$+$
y''	0	$+$	0	$-$
y	0	$\nearrow$	$\dfrac{1}{e^2}$	$\nearrow$

次図からは分かりにくいが, $x \to \infty$ で $y \to 1$, $x = \dfrac{1}{2}$ で凹凸が変わっていることに注意する.

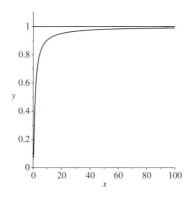 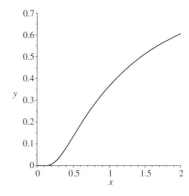

6.6　$f(x) = e^{cx} - e^{-cx}$ を $x \geqq 0$ で考える．$f(0) = 0$ である．

$$f'(x) = ce^{cx} + ce^{-cx} > 0. \quad f'(0) = 2c. \quad f''(x) = c^2(e^{cx} - e^{-cx}) > 0 \, (x > 0)$$

から，$y = f(x)$ は $x \geqq 0$ の範囲で単調増加である．またグラフは下に凸であるから，$x = 0$ における接線 $y = 2cx$ の上側にある．よって $L > 2c$ なので，$y = Lx$ と $y = f(x)$ は唯 1 つの交点 $x = a > 0$ で交わる．よって

$$La = e^{ca} - e^{-ca}$$

が成り立つ．　　　　　　　　　　　　　　　　　　　　　　　　　　　　　　　　□

第 7 章

7.1　(1) $y(x) = e^{-(x-2)}$　(2) $y(x) = 2(1 - e^{-3x})$

7.2　$x = ae^{-kt}$

7.3　3.6 g

7.4　$\dfrac{\log 10}{\log 2}$

7.5　45 ℃

7.6　3.5

7.7　12.7 日

7.8　$x(t) = x(0)e^{-kt}, T = \dfrac{\log 2}{k}$ であったから，k を消去すれば良い．$e^{\log x} = x$ の関係式を用いて

$$\frac{x(t)}{x(0)} = e^{-kt} = e^{-\frac{t}{T}\log 2} = e^{\log(2^{-\frac{t}{T}})} = 2^{-\frac{t}{T}} = \left(\frac{1}{2}\right)^{\frac{t}{T}}.$$

第 8 章

8.1　(1) $\sin(2x) + 2x\cos(2x)$　　(2) $-e^{-x}\{\cos(3x) + 3\sin(3x)\}$　　(3) $\sin(2x)$
(4) $-2\sin(4x)$　　(5) $n\sin^{n-1} x\cos x$

8.2　$A = 6$

8.3　$A = -\dfrac{3}{2}$

8.4　$A = B = 1$

8.5　$y = -x + \dfrac{\pi}{2}$

8.6　$y = \dfrac{\pi}{2}x$

8.7　$y = -\pi x + \dfrac{\pi + 2}{4}$

8.8　(1) $y = x$　　(2) $y = \dfrac{2}{\pi}x$

(3)

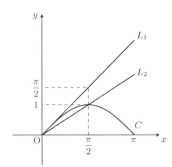

(4) $\dfrac{2}{\pi}x < \sin x < x$

8.9　(1) 半径 1 の円に内接する正 n 角形は，頂角 $\dfrac{2\pi}{n}$ で，2 辺の長さが 1 の 2 等辺 3 角形 T_n が n 個集まったものと考えることができる．T_n の底辺の長さは $2\sin\left(\dfrac{\pi}{n}\right)$ であるから，

$$S_n = 2n\sin\left(\frac{\pi}{n}\right) = \frac{\sin\left(\dfrac{\pi}{n}\right)}{\dfrac{\pi}{n}} \cdot 2\pi$$

である．

(2) $2\pi = \lim\limits_{n\to\infty} S_n$ は $\lim\limits_{n\to\infty}\dfrac{S_n}{2\pi} = 1$ を意味するから，(1) から

$$\lim_{n\to\infty} \frac{\sin\left(\dfrac{\pi}{n}\right)}{\dfrac{\pi}{n}} = 1 \qquad\qquad \cdots\cdots(*)$$

が分かる．よって $\theta = \dfrac{\pi}{n}$ とおくと，$\theta \to 0$ で

$$\lim_{\theta\to 0} \frac{\sin\theta}{\theta} = 1$$

となる．　　　　　　　　　　　　　　　　　　　　　　　　　　　　　　　□

　　注意　上の証明は実は不完全である．$\dfrac{\pi}{n}$ の n は自然数なので，$\dfrac{\pi}{n}$ はとびとびに 0 に近づいている．一方 θ は負でも良く，さらにべったりと連続的に 0 に近づく．その区別がなされていない．例えば次のようにする．$0 < \theta < 1$ とする．$\dfrac{\pi}{n+1} \leqq \theta < \dfrac{\pi}{n}$ を満たす自然数 n が存在する．これは区間 $0 < x < 1$ を小区間 $\dfrac{\pi}{n+1} \leqq x < \dfrac{\pi}{n}$ $(n = 1, 2, 3, \cdots)$ に分割すれば $0 < \theta < 1$ を満たす θ は必ずどれか 1 つの小区間に入ることから分かる．このとき $\theta \to +0$ のときは $n \to \infty$ となるので，$\sin x$ は $x = 0$ の近くで単調増加であることに注意すれば $(*)$ から，

$$\frac{\sin\theta}{\theta} < \frac{\sin\left(\dfrac{\pi}{n}\right)}{\dfrac{\pi}{n+1}} = \frac{\dfrac{\pi}{n}}{\dfrac{\pi}{n+1}} \cdot \frac{\sin\left(\dfrac{\pi}{n}\right)}{\dfrac{\pi}{n}} \to 1,$$

$$\frac{\sin\theta}{\theta} > \frac{\sin\left(\dfrac{\pi}{n+1}\right)}{\dfrac{\pi}{n}} = \frac{\dfrac{\pi}{n+1}}{\dfrac{\pi}{n}} \cdot \frac{\sin\left(\dfrac{\pi}{n+1}\right)}{\dfrac{\pi}{n+1}} \to 1.$$

よって

$$\lim_{\theta\to +0} \frac{\sin\theta}{\theta} = 1$$

がいえた. $\theta < 0$ のときは

$$\frac{\sin\theta}{\theta} = \frac{\sin(-\theta)}{(-\theta)} \quad (-\theta > 0)$$

であるから,

$$\lim_{\theta \to -0} \frac{\sin\theta}{\theta} = 1$$

も成り立つ.

第9章

9.1 (1) $\frac{1}{3}x^3 + 2x - \frac{1}{x} + C$ (2) $\frac{1}{2}x^2 + 2x + \log|x| + C$ (3) $\frac{1}{5}x^5 + 2x - \frac{1}{3x^3} + C$

(4) $2x - 5\log|x+3| + C$ (5) $\frac{1}{2}e^{2x} + C$ (6) $-e^{-x} + C$ (7) $\frac{1}{2}e^{2x} + 2x - \frac{1}{2}e^{-2x} + C$

(8) $\frac{1}{2}e^{x^2} + C$

9.2 (1) $\frac{-1}{2}\cos(2x) + C$ (2) $\frac{1}{2}\sin(2x) + C$ (3) $-\log|\cos x| + C$ (4) $\tan x + C$

(5) $\frac{1}{2}x - \frac{1}{4}\sin(2x) + C$ (6) $\frac{1}{2}x + \frac{1}{4}\sin(2x) + C$ (7) $x - \frac{1}{2\pi}\cos(2\pi x) + C$ (8) $\tan x + C$

9.3 (1) $\frac{1}{2}(1 - e^{-x^2})$ (2) $x - \frac{1}{2}\cos(2x) + \frac{3}{2}$

9.4 (1) v_0 (2) $\frac{v_0^2}{2g}$ (3) $\frac{100}{\sqrt{2g}} \fallingdotseq 22.59(\mathrm{s})$

9.5 (1) $\frac{v_0 \sin\theta}{g}$ (2) $\frac{v_0^2 \sin^2\theta}{2g}$ (3) $\frac{2v_0 \sin\theta}{g}$ (4) $\sqrt{10g} \fallingdotseq 9.9(\mathrm{m/s})$

9.6 (1) $\frac{1}{12}(2x+3)^6 + C$ (2) $\frac{2}{9}(3x+1)\sqrt{3x+1} + C$ (3) $\frac{1}{3}(x^2+3)\sqrt{x^2+3} + C$

(4) $-2\sqrt{1-x} + C$ (5) $\frac{1}{2}(\log|x|)^2 + C$ (6) $\log|\log x| + C$

9.7 (1) $-xe^{-x} - e^{-x} + C$ (2) $\frac{x}{3}e^{3x} - \frac{1}{9}e^{3x} + C$ (3) $-x\cos x + \sin x + C$

(4) $\frac{1}{4}x^2 - \frac{1}{4}x\sin(2x) - \frac{1}{8}\cos(2x) + C$ (5) $-\frac{x}{4}\cos(2x) + \frac{1}{8}\sin(2x) + C$

(6) $\frac{1}{3}x^3\log x - \frac{1}{9}x^3 + C$ (7) $x\log(2x+1) - x + \frac{1}{2}\log(2x+1) + C$

9.8 (1) $a = -3$ (2) $T = 5, x(5) = \frac{75}{2}$

9.9 $T = \frac{15}{2}, a = \frac{8}{5}$

9.10 (1) $x(t) = 5t$ (2) $y(t) = -4t^2 + 2t$ (3) $\left(\frac{5}{4}, \frac{1}{4}\right)$

第10章

10.1 (1) $\frac{1}{3}$ (2) $\frac{7}{24}$ (3) $\log 3$ (4) 1 (5) $\frac{8}{9}$ (6) $\frac{15}{8} - 2\log 2$ (7) $\frac{7}{2} + \log 2$ (8) 1

10.2 (1) $\frac{26}{3y^2}$ (2) $\frac{2x^2}{3}$ (3) $\frac{e^x(e^2 - 1)}{2}$

10.3 (1) $\frac{1}{2}$ (2) $\frac{\sqrt{3}}{4}$ (3) $\frac{1}{2}\log\left(\frac{3}{2}\right)$ (4) $\sqrt{3}$ (5) $\frac{\pi}{12} - \frac{\sqrt{3}}{8}$ (6) $\frac{\pi}{8} + \frac{1}{4}$ (7) 1 (8) $1 - \frac{1}{\sqrt{3}}$

10.4 (1) $A = 4, B = 1$ (2) $2\log 3 + \log 2$

10.5 (1) $A = \frac{1}{2a}, B = \frac{-1}{2a}$ (2) $\frac{1}{2a}\log\frac{3}{2}$

10.6　$f(x) = \displaystyle\int_{-1}^{2} f(x)dx + 6x$ が成り立つ.

$$c = \int_{-1}^{2} f(x)dx$$

とおくと, $f(x) = 6x + c$ の形である. これを上式に代入して

$$c = \int_{-1}^{2} (6x + c)dx = \left[3x^2 + cx\right]_{-1}^{2} = 12 + 2c - 3 + c = 9 + 3c.$$

よって $c = -\dfrac{9}{2}$ が分かるから, $f(x) = 6x - \dfrac{9}{2}$.

10.7　$f(x) = 4x - 8$

第11章

11.1　(1) $\dfrac{1}{6}$　(2) $\dfrac{1}{k+1}$　(3) $\log\left(\dfrac{4}{3}\right)$

11.2　$V_x = \dfrac{\pi}{5}, V_y = \dfrac{\pi}{2}$

11.3　$V_x = \dfrac{\pi}{9}, V_y = \dfrac{\pi}{3}$

11.4　(1) $V_x = \dfrac{\pi}{5}a^2$　(2) $V_y = \dfrac{\pi}{2}a$　(3) $a = \dfrac{5}{2}$

11.5　(1) $10t\Delta t$　(2) $\displaystyle\int_0^{10} 10t\,dt$　(3) $\displaystyle\int_0^{10} 10t\,dt = \left[5t^2\right]_0^{10} = 500.$

11.6　$V_x = \dfrac{2\pi}{15}, V_y = \dfrac{\pi}{6}$

第12章

12.1　(1) $3 - \sqrt{3}$　(2) $\dfrac{422}{5}$　(3) $\dfrac{-1}{30}(b-a)^6$　(4) $\dfrac{1}{3}$　(5) $\dfrac{1}{5}$　(6) $\dfrac{127}{896}$　(7) $\dfrac{2}{3}(\sqrt{2} - 1)$　(8) $\dfrac{15}{4}$

12.2　(1) 1　(2) $1 - \dfrac{2}{e}$　(3) $\dfrac{2}{9}e^3 + \dfrac{1}{9}$　(4) $\dfrac{\pi}{8} - \dfrac{1}{4}$　(5) $\dfrac{1}{9}$　(6) $1 - \dfrac{2}{e}$　(7) $\dfrac{1}{2}$

12.3　8

12.4　$\sin x = \sin\left(\dfrac{\pi}{2} - u\right) = \cos u$ を用いる.

12.5　(1) 略　(2) 4

12.6　$\sin x = \sin(\pi - u) = \sin u$ を用いる.

12.7　(1) $I = \displaystyle\int_1^e \dfrac{1}{u(u+1)}du$　(2) $I = \displaystyle\int_1^e \left(\dfrac{1}{u} - \dfrac{1}{u+1}\right)du = 1 + \log\dfrac{2}{e+1}$

12.8　-4

12.9　-9

12.10　$e - 2$

12.11　$\displaystyle\int_0^1 2\pi x e^x dx = 2\pi$

12.12　(1) 3　(2) $\sqrt{3}$　(3) $\dfrac{1}{e^{\frac{3}{4}}\sqrt{6\pi}}$　(4) 0.933

12.13　(1) 平均 50, 分散 100　(2) 2.3%　(3) 80

第13章

13.1 (1) $\displaystyle\int \frac{1}{1+y^2} dy$ は $y = \tan\theta$ とおいて $dy = \dfrac{1}{\cos^2\theta}d\theta, 1 + \tan^2\theta = \dfrac{1}{\cos^2\theta}$ から

$$\int \frac{1}{1+y^2} dy = \int \frac{1}{\dfrac{1}{\cos^2\theta}} \frac{1}{\cos^2\theta} d\theta = \int 1 d\theta = \theta + C$$

となることに注意する．これから

$$\frac{dy}{dx} = x(1+y^2) \Longrightarrow \int \frac{1}{1+y^2} dy = \int x dx \Longrightarrow \theta = \frac{1}{2}x^2 + C$$

$$\Longrightarrow y = \tan\theta = \tan\left(\frac{1}{2}x^2 + C\right).$$

(2) $\displaystyle\frac{dy}{dx} = x^2 y^2 \Longrightarrow \int \frac{dy}{y^2} = \int x^2 dx \Longrightarrow \frac{-1}{y} = \frac{1}{3}x^3 + C \Longrightarrow y = \frac{-1}{\dfrac{1}{3}x^3 + C}.$

(3) $\displaystyle x\frac{dy}{dx} = 2y(y+2) \Longrightarrow \int \frac{dy}{y(y+2)} = \int \frac{2}{x} dx$

$$\Longrightarrow \frac{1}{2}\int\left(\frac{1}{y} - \frac{1}{y+2}\right) dy = 2\int\frac{1}{x} dx \Longrightarrow \frac{1}{2}\log\left|\frac{y}{y+2}\right| = 2\log|x| + C$$

$$\Longrightarrow \log\left|\frac{y}{y+2}\right| = 4\log|x| + 2C = \log(x^4 e^{2C})$$

$$\Longrightarrow \frac{y}{y+2} = \pm e^{2C} x^4 = Ax^4 \ (A = \pm e^{2C}) \Longrightarrow y = \frac{2Ax^4}{1 - Ax^4}.$$

13.2

$$\frac{dy}{dx} = e^{x-y} \Longrightarrow \int e^y dy = \int e^x dx \Longrightarrow e^y = e^x + C \Longrightarrow y = \log(e^x + C).$$

ここで $x = 0$ のとき $y = \log 2$ なので，$\log 2 = \log(1 + C)$．　$\therefore C = 1$. よって $y = \log(e^x + 1)$.

13.3 $y = \dfrac{a}{k}(1 - e^{-kx})$

13.4 (1) $y = e^{kx}$ (2) $y = \dfrac{6}{x}$ (3) $x^2 + y^2 = C$

13.5 (1) $\dfrac{1}{(a-x)(b-x)} = \dfrac{1}{b-a}\left(\dfrac{1}{a-x} - \dfrac{1}{b-x}\right)$ と部分分数に分解して積分する．今の場合は $a - x > 0, b - x > 0$ に注意せよ．

13.6 (1) $x = \left(a - \dfrac{k}{2}t\right)^2$ (2) $t = \dfrac{a}{k}$. 物質は $t = \dfrac{2a}{k}$ で 0 になるので $t = \dfrac{3a}{k}$ は不適.

　　注意　解法については，例題を見直してほしい．物理的には物質が溶けていく様子を表している．$t = \dfrac{2a}{k}$ で溶けきってしまえば，以後フィルムを逆に回すように物質が生じてくることはないときわめて真っ当なことを示している．この微分方程式はよくできている．

13.7 (1) $x(t) = ae^{-(k_1+k_2)t}$, $y(t) = \dfrac{k_1 a}{k_1 + k_2}(1 - e^{-(k_1+k_2)t})$, $z(t) = \dfrac{k_2 a}{k_1 + k_2}(1 - e^{-(k_1+k_2)t})$

(2) $\displaystyle\lim_{t\to\infty} y(t) = \frac{k_1 a}{k_1 + k_2}$, $\displaystyle\lim_{t\to\infty} z(t) = \frac{k_2 a}{k_1 + k_2}$

第14章

14.1 (1) $n(2n+1)$ (2) $\dfrac{1}{2}n(6n^2 + 9n + 1)$ (3) $\dfrac{1}{6}n(n+1)(n-1)$

14.2 (1) $\left\{\dfrac{n(n+1)}{2}\right\}^2$ (2) $\dfrac{1}{6}n^2(n+1)(2n+1)$ (3) $\dfrac{1}{6}n^2(n+1)(7n+5)$

(4) $\dfrac{1}{6}n(n+1)(n-1)$

14.3　(1) $E(X) = \dfrac{3+5+4+1+7}{5} = \dfrac{20}{5} = 4$　(2) $E(X^2) = \dfrac{9+25+16+1+49}{5} = \dfrac{100}{5} = 20$

(3) $\sigma(X)^2 = 20 - 4^2 = 4$　(4) $\sigma(X) = \sqrt{4} = 2$

(5) $\displaystyle\sum_{j=1}^{5}(x_j - \overline{X}) = \sum_{j=1}^{5} x_j - \overline{X}\sum_{j=1}^{5} 1 = 20 - 4 \times 5 = 0$

14.4　$E(X) = \dfrac{n+1}{2}$, 　$E(X^2) = \dfrac{1}{6}(n+1)(2n+1)$, 　$\sigma(X)^2 = \dfrac{1}{12}(n+1)(n-1)$

14.5　$(x, y) = (5, 3)$ のとき最小値 1

14.6　(1) $E(X) = \dfrac{2+4+6+8}{4} = \dfrac{20}{4} = 5.$

(2) $E(Y) = \dfrac{1.6+5.3+8.4+14.1}{4} = \dfrac{29.4}{4} = 7.35.$

(3) $E(X^2) = \dfrac{4+16+36+64}{4} = \dfrac{120}{4} = 30, \sigma(X)^2 = 30 - 25 = 5.$

(4) $E(XY) = \dfrac{3.2+21.2+50.4+112.8}{4} = \dfrac{187.6}{4} = 46.9.$ $\sigma(XY) = 46.9 - 36.75 = 10.15.$

(5) $a = \dfrac{10.15}{5} = 2.03, b = -2.03 \times 5 + 7.35 = -10.05 + 7.35 = -2.8$ より, 回帰直線は $y = 2.03x - 2.8$ である.

14.7　(1) $E(X) = 6, E(X^2) = 45.2, \sigma(X)^2 = 9.2$

(2) $x + y = 9, (x-4)^2 + (y-4)^2 = 1, x = 4, y = 5$

(3) X と U との相関係数は 1, U と V との相関係数は $\dfrac{15}{\sqrt{253}}$.

第15章

15.1　$P(A \cap B^c) = \alpha, P(A \cap B) = \beta, P(A^c \cap B) = \gamma$ とすると, $A \cap B^c, A \cap B, A^c \cap B$ は互いに排反なので,

$$P(A \cup B) = \alpha + \beta + \gamma = (\alpha + \beta) + (\beta + \gamma) - \beta = P(A) + P(B) - P(A \cap B)$$

が成り立つ.

15.2　(1) $P(B) = 1 - P(B^c) = \dfrac{2}{3}$ より $P(A \cap B) = P(A|B)P(B) = \dfrac{1}{5} \cdot \dfrac{2}{3} = \dfrac{2}{15}$

(2) $P(A \cup B) = P(A) + P(B) - P(A \cap B) = \dfrac{1}{6} + \dfrac{2}{3} - \dfrac{2}{15} = \dfrac{7}{10}$

(3) $P((A \cap B)^c) = 1 - P(A \cap B) = \dfrac{13}{15}$

(4) $P(A^c \cup B^c) = P((A \cap B)^c) = \dfrac{13}{15}$

15.3　$P(第2子男 | 第1子男) = \dfrac{5}{9}, P(第1子男) = \dfrac{11}{20}$ より $P(二人とも男) = P(第2子男 | 第1子男)P(第1子男)$
$= \dfrac{5}{9} \cdot \dfrac{11}{20} = \dfrac{11}{36}.$ よって, $P(少なくとも 1 人が女) = P(2 人とも男でない) = 1 - P(2 人とも男) = 1 - \dfrac{11}{36}$
$= \dfrac{25}{36}.$

15.4　(1) $P(B|A_2) = 0.3$　(2) $P(B|A_1) = 0.6$

(3) 全事象 100 とする.

R と聞く：$30 \times 0.6 = 18$		A_1 30
	R と聞く：$70 \times 0.3 = 21$	A_2 70
正しく聞く	聞き間違い	

となるから, $P(A_1|B) = \dfrac{18}{18+21} = \dfrac{6}{13}.$

15.5　独立性から

$$P(A \cap B) = P(A)P(B) = 0.0002, P(A \cap C) = P(A)P(C) = 0.0002,$$

$$P(B \cap C) = P(B)P(C) = 0.0001, P(A \cap B \cap C) = P(A)P(B)P(C) = 0.000002$$

が分かる. よって, $P((A \cap B) \cup (B \cap C) \cup (C \cap A)) = P(A \cap B) + P(B \cap C) + P(C \cap A) - 2P(A \cap B \cap C) = 0.0002 + 0.0002 + 0.0001 - 2 \times 0.000002 = 0.000496.$

15.6　(1) A, B は独立なので, $P(A \cap B) = P(A)P(B) = \dfrac{3}{5}P(B)$ より, $\dfrac{11}{15} = P(A \cup B) = P(A) + P(B) - P(A \cap B) = \dfrac{3}{5} + P(B) - \dfrac{3}{5}P(B) = \dfrac{3}{5} + \dfrac{2}{5}P(B).$　$\therefore P(B) = \dfrac{1}{3}.$

(2) $P(A \cap B) = P(A)P(B) = \dfrac{3}{5} \cdot \dfrac{1}{3} = \dfrac{1}{5}$　(3) $P(B|A) = P(B) = \dfrac{1}{3}$

15.7　(1) 全確率 1 より $0.2 + a + b = 1$. 平均 2 より $1 \times 0.2 + 2a + 3b = 2$. これより
$$\begin{cases} a + b = 0.8 \\ 2a + 3b = 1.8 \end{cases} \quad \text{を解いて } a = 0.6, b = 0.2.$$

(2) $E(X^2) = 1 \times 0.2 + 4a + 9b = 0.2 + 2.4 + 1.8 = 4.4$ より,

$$\sigma(X)^2 = E(X^2) - E(X)^2 = 4.4 - 4 = 0.4$$

15.8　$_nC_2 = 5\,_nC_1 \Rightarrow \dfrac{n(n-1)}{2} = 5n \Rightarrow \dfrac{n-1}{2} = 5 \Rightarrow n = 11$

15.9　(1) 0　(2) 5^n　(3) $n2^{n-1}$　(4) $-n$

15.10　(1) $B\left(100, \dfrac{2}{3}\right)$　(2) $Y = X + (-1)(100 - X) = 2X - 100$

(3) $E(X) = np = 100 \cdot \dfrac{2}{3} = \dfrac{200}{3}$ より

$$E(Y) = E(2X - 100) = 2E(X) - 100 = \dfrac{400}{3} - 100 = \dfrac{100}{3}$$

(4) $\sigma(X)^2 = npq = \dfrac{200}{3} \times \dfrac{1}{3} = \dfrac{200}{9}$ より

$$\sigma(Y)^2 = \sigma(2X - 100)^2 = 4\sigma(X)^2 = \dfrac{800}{9}$$

15.11　(1) $E(X) = np = 30 \times 0.2 = 6$　(2) $V(X) = npq = 6 \times 0.8 = 4.8$

(3) $E(Y) = E(3X + 2) = 3E(X) + 2 = 18 + 2 = 20$

(4) $\sigma(Y)^2 = \sigma(3X + 2)^2 = 9\sigma(X)^2 = 43.2$

索引

■数字
2 項分布　163
2 乗平均　142, 159

■ア行
一般解　129
一般角　80
一般的な微分公式　12
陰関数の微分法　15

上に凸　25

円周率　80

■カ行
解　127
回帰直線　149
確率測度　153
確率分布　157
確率変数　157
片対数グラフ　49
片対数方眼紙　49
関数の増減　23

奇関数　78
期待値　158
狭義単調減少　24
狭義単調増加　24
狭義凸　25
共分散　144
極小値　28
極大値　28
極値　28

偶関数　78
空事象　153

原始関数　82

合成関数の微分公式　12

■サ行
最小 2 乗法　149
三角関数　65

三角関数の微分公式　68

試行　153
事象　153
自然対数　43
自然対数の底　39
下に凸　25
瞬間の変化率　3
条件付き確率　155
商の微分公式　12
初期条件　60, 87, 129

積事象　153
積の微分公式　12
積分定数　83
接線　3

増減表　27

■タ行
対数関数の微分公式　45
単調減少　24
単調増加　24

置換積分法　89, 112

定積分　93

導関数　3
特異解　129
特殊解　129
独立　155
ド・モルガンの公式　156

■ナ行
ニュートンの冷却の法則　63

■ハ行
排反　153
パスカルの三角形　161
半減期　62

微積分学の基本定理　102
微分可能　2

微分係数　2
微分する　3
標準偏差　142, 157

不定積分　83
不定積分の公式　83, 84
部分積分法　90, 115
分散　142, 157

平均　142, 157
平均値の定理　21
巾級数　40
変曲点　28
変数分離型微分方程式　127

■ヤ行
有界関数　100

有界閉区間　100

余事象　153

■ラ行
ラジアン　65
ラジアン単位　80

リーマン和　100
両対数グラフ　50
両対数方眼紙　51

■ワ行
和事象　153
和とスカラー倍の微分公式　6

MEMO

MEMO

〈著者紹介〉

小林　俊公（こばやし　としまさ）

1999　年　大阪大学大学院理学研究科数学専攻博士後期課程修了
専門分野　微分幾何学
現　　在　摂南大学理工学部准教授，博士（理学）

島田　伸一（しまだ　しんいち）

1983　年　京都大学理学部卒業
　　　　　京都大学大学院理学研究科博士後期課程中退
専門分野　数学的散乱理論
現　　在　摂南大学理工学部教授，博士（理学）

友枝　恭子（ともえだ　きょうこ）

2010　年　奈良女子大学大学院人間文化研究科複合現象科学専攻博士後期課程修了
専門分野　応用数学，関数方程式
現　　在　摂南大学理工学部准教授，博士（理学）

確率・統計のための数学基礎
Basic Mathematics for Probability and Statistics
2023 年 4 月 10 日　初版 1 刷発行

検印廃止

著　者　小林　俊公　ⓒ 2023

　　　　島田　伸一

　　　　友枝　恭子

発行者　南條　光章

発行所　**共立出版株式会社**

〒 112-0006　東京都文京区小日向4丁目6番19号
電話　03-3947-2511
振替　00110-2-57035
URL　www.kyoritsu-pub.co.jp

一般社団法人
自然科学書協会
会員

印刷・製本：錦明印刷(株)
NDC 413.3 ,417 / Printed in Japan

ISBN 978-4-320-11485-2